图 解

《危险性较大的分部分项工程安全管理规定》及应用

侯 光 主编

 化学工业出版社

·北京·

本书在参考大量法律法规、通知文件以及相关工程案例材料的基础上，以图文的形式，对《危险性较大的分部分项工程安全管理规定》条分缕析，在编写上力求深入浅出、循序渐进、通俗易懂，可有效地帮助建筑施工、监理、勘查、设计等相关从业人员更好地理解和应用《危险性较大的分部分项工程安全管理规定》的文件精神，从而遏制建筑施工群死群伤悲剧事件的发生。

本书可供建筑施工、监理、勘查、设计等相关从业人员参考、查阅和补充学习。

图书在版编目（CIP）数据

图解《危险性较大的分部分项工程安全管理规定》及应用/侯光主编．—北京：化学工业出版社，2019.11（2023.3重印）
ISBN 978-7-122-35205-7

Ⅰ.①图…　Ⅱ.①侯…　Ⅲ.①建筑工程-工程施工-安全管理-图解　Ⅳ.①TU714-64

中国版本图书馆CIP数据核字（2019）第203037号

责任编辑：彭明兰
责任校对：王　静
装帧设计：刘丽华

出版发行：化学工业出版社
　　　　　（北京市东城区青年湖南街13号　邮政编码100011）
印　　装：北京科印技术咨询服务有限公司数码印刷分部
710mm×1000mm　1/16　印张10　字数196千字
2023年3月北京第1版第5次印刷

购书咨询：010-64518888
售后服务：010-64518899
网　　址：http://www.cip.com.cn
凡购买本书，如有缺损质量问题，本社销售中心负责调换。

定　　价：49.00元

近十年来，随着国家基本建设工程的投资力度加大，建设项目迅猛增加，发生在建设工程生产中的安全事故也明显增多，且伤害死亡人数加大，群死群伤事件不断发生。在此期间，住房和城乡建设部发布的《危险性较大的分部分项工程安全管理办法》（建质〔2009〕87号）在减少和控制建筑工程生产安全事故的发生方面，起着巨大的不可估量的作用。

随着基本建设改革力度的加大，2018年2月12日住房和城乡建设部第37次部常务会议审议通过了《危险性较大的分部分项工程安全管理规定》第37号文，并于2018年6月1日开始实施。该规定对危险性较大的分部分项工程（以下简称危大工程）的安全管理更加严格，细化了对建设、设计、施工、监理及勘察等单位及个人的处罚条款，确立了危大工程安全管理基本制度，必将有效促进安全管理和技术水平的提升，对遏制危大工程安全事故起到重要的作用。

为了有效帮助建筑施工、监理、勘查、设计等相关从业人员更好地理解和应用《危险性较大的分部分项工程安全管理规定》的文件精神，从而有效遏制建筑施工群死群伤悲剧的发生，我们组织编写了本书。

本书在参考了大量法律法规、通知文件以及相关工程案例材料的基础上，以图文的形式，对《危险性较大的分部分项工程安全管理规定》条分缕析，在编写上力求深入浅出、循序渐进、通俗易懂。

本书内容共分5章，分别是总则和前期保障、专项施工方案和专家论证、现场安全管理、验收和应急抢险、档案管理和监督管理。同时，在本书的最后还附有《危险性较大的分部分项工程安全管理规定》《住房城乡建设部办公厅关于实施〈危险性较大的分部分项工程安全管理规定〉有关问题的通知》《北京市房屋建筑和市政基础设施工程危险性较大的分部分项工程安全管理实施细则》《安全警示标志牌及其使用部位》《工程项目安全生产相关法律、行政法规、部门规章及规范性文件》和《工程质量安全手册（试行）》六个文件，以方便建筑施工、监理、勘查、设计等相关从业人员参考、查阅和补充学习。

限于编者水平有限，书中难免有疏漏和不当之处，恳请广大读者给予批评和指正。

编　者
2019年8月

目录

主要参考文献

第一章
总则和前期保障

第一节　总则

第一条　为加强对房屋建筑和市政基础设施工程中危险性较大的分部分项工程安全管理，有效防范生产安全事故，依据《中华人民共和国建筑法》《中华人民共和国安全生产法》《建设工程安全生产管理条例》等法律法规，制定本规定。

【关键词】加强安全管理、防范生产安全事故、《中华人民共和国建筑法》《中华人民共和国安全生产法》《建设工程安全生产管理条例》

【图解】本规定依据《中华人民共和国建筑法》（图 1-1）、《中华人民共和国安全生产法》（图 1-2）、《建设工程安全生产管理条例》（图 1-3）等法律法规制定。

图 1-1　《中华人民共和国建筑法》

图 1-2　《中华人民共和国安全生产法》

图 1-3 《建设工程安全生产管理条例》

《中华人民共和国建筑法》经 1997 年 11 月 1 日第八届全国人大常委会第二十八次会议通过；根据 2011 年 4 月 22 日第十一届全国人大常委会第二十次会议《关于修改〈中华人民共和国建筑法〉的决定》修正。《中华人民共和国建筑法》分总则、建筑许可、建筑工程发包与承包、建筑工程监理、建筑安全生产管理、建筑工程质量管理、法律责任、附则 8 章 85 条，自 1998 年 3 月 1 日起施行。

《中华人民共和国安全生产法》是为了加强安全生产监督管理，防止和减少生产安全事故，保障人民群众生命和财产安全，促进经济发展而制定。由中华人民共和国第九届全国人民代表大会常务委员会第二十八次会议于 2002 年 6 月 29 日通过公布，自 2002 年 11 月 1 日起施行。2014 年 8 月 31 日第十二届全国人民代表大会常务委员会第十次会议通过全国人民代表大会常务委员会关于修改《中华人民共和国安全生产法》的决定，自 2014 年 12 月 1 日起施行。新版安全生产法于 2016 年修订。

《建设工程安全生产管理条例》是根据《中华人民共和国建筑法》《中华人民共和国安全生产法》制定的国家法规，目的是加强建设工程安全生产监督管理，保障人民群众生命和财产安全。由国务院于 2003 年 11

月 24 日发布，自 2004 年 2 月 1 日起施行，共计 8 章 71 条。

【问题 1】《危险性较大的分部分项工程安全管理规定》对加强危大工程安全管理、防范生产安全事故有什么意义？

近十年来，随着国家基本建设工程的投资力度加大，建设项目迅猛增加，发生在建设工程生产安全事故也明显增多，且伤害死亡人数加大，以至于群死群伤事件不断发生。在此期间，住房和城乡建设部发布的《危险性较大的分部分项工程安全管理办法》（建质〔2009〕87 号）在减少和控制建筑工程生产安全事故的发生方面，起着巨大的不可估量的作用。这个文件在建设系统几乎无人不晓，是建设系统生产安全管理的白皮书。

《危险性较大的分部分项工程安全管理规定》是在上述文件基础上，针对近年来危险性较大的分部分项工程（以下简称危大工程）安全管理面临的新问题、新形势而制定的，重点要解决以下 3 个方面的问题，如图 1-4 所示。

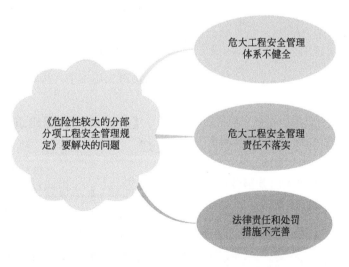

图 1-4　《危险性较大的分部分项工程安全管理规定》要解决的问题

（1）危大工程安全管理体系不健全的问题　部分工程参建主体职责不明确，建设、勘察、设计等单位责任缺失，危大工程安全管理的系统性和整体性不够。

（2）危大工程安全管理责任不落实的问题　如施工单位不按规定编制危大工程专项施工方案，或者不按方案施工等现象屡见不鲜。

（3）法律责任和处罚措施不完善的问题　现有规定对危大工程违法违规行为缺乏具体、量化的处罚措施，监管执法难。

随着基本建设改革力度的加大，2018年2月12日住房和城乡建设部第37次部常务会议审议通过了《危险性较大的分部分项工程安全管理规定》第37号文，并于2018年6月1日开始实施。该规定条款共7章40条，比《危险性较大的分部分项工程安全管理办法》（建质〔2009〕87号）共25条增加了更多的管理条款。《危险性较大的分部分项工程安全管理规定》第37号文对危险性较大的分部分项工程的安全管理更加严格，规定细化了对建设、设计、施工、监理及勘察等单位及个人的处罚条款，确立了危大工程安全管理基本制度，必将有效促进安全管理和技术水平的提升，对遏制危大工程安全事故起到重要的作用。

【问题2】《危险性较大的分部分项工程安全管理规定》的编制和发布历程如何？

《危险性较大的分部分项工程安全管理规定》从启动到施行历时长达4年，其编制和发布的历程如图1-5所示。

第二条　本规定适用于房屋建筑和市政基础设施工程中危险性较大的分部分项工程安全管理。

【关键词】房屋建筑、市政基础设施工程、安全管理

【问题1】房屋建筑工程具体包括哪些工程？

根据《房屋建筑和市政基础设施工程施工招标投标管理办法》的规定，房屋建筑工程的范围如图1-6所示。

【问题2】市政基础设施工程具体包括哪些工程？

根据《房屋建筑和市政基础设施工程施工招标投标管理办法》的规定，市政基础设施工程的范围如图1-7所示。

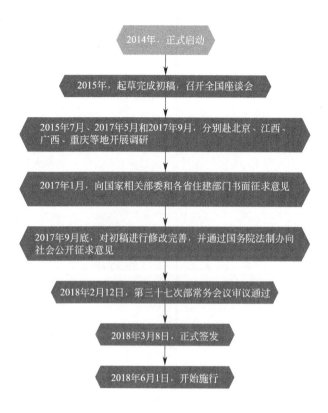

2014年，正式启动

2015年，起草完成初稿，召开全国座谈会

2015年7月、2017年5月和2017年9月，分别赴北京、江西、广西、重庆等地开展调研

2017年1月，向国家相关部委和各省住建部门书面征求意见

2017年9月底，对初稿进行修改完善，并通过国务院法制办向社会公开征求意见

2018年2月12日，第三十七次部常务会议审议通过

2018年3月8日，正式签发

2018年6月1日，开始施行

图 1-5 《危险性较大的分部分项工程安全管理规定》编制和发布的历程

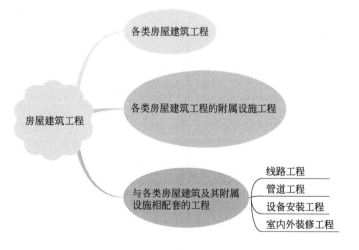

各类房屋建筑工程

各类房屋建筑工程的附属设施工程

房屋建筑工程

与各类房屋建筑及其附属设施相配套的工程

线路工程
管道工程
设备安装工程
室内外装修工程

图 1-6 房屋建筑工程的范围

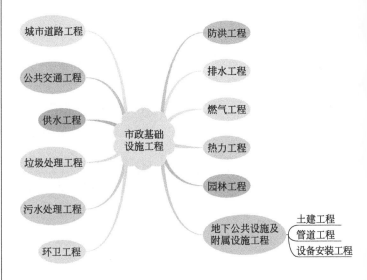

图 1-7 市政基础设施工程的范围

【问题 3】《危险性较大的分部分项工程安全管理规定》所涉及的主客体对象分别是什么？

《危险性较大的分部分项工程安全管理规定》所涉及的主客体对象如图 1-8 所示。

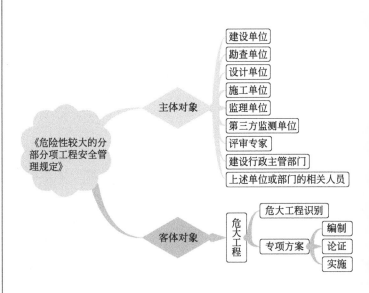

图 1-8 《危险性较大的分部分项工程安全
管理规定》所涉及的主客体对象

第三条　本规定所称危险性较大的分部分项工程（以下简称"危大工程"），是指房屋建筑和市政基础设施工程在施工过程中，容易导致人员**群死群伤**或者造成**重大经济损失**的分部分项工程。

【关键词】群死群伤、重大经济损失

【问题】房屋市政工程中如何确定生产安全事故的等级？

根据《房屋市政工程生产安全事故报告和查处工作规程》，房屋市政工程生产安全事故是指在房屋建筑和市政基础设施工程施工过程中发生的造成人身伤亡或者重大直接经济损失的生产安全事故。根据造成的人员伤亡或者直接经济损失，房屋市政工程生产安全事故的等级如图1-9所示。

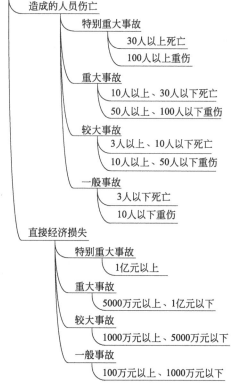

图1-9　房屋市政工程生产安全事故的等级

危大工程及超过一定规模的危大工程范围由国务院住房和城乡建设主管部门制定。

【关键词】危大工程、超过一定规模的危大工程范围

【问题】国务院住房城乡建设主管部门制定的危大工程和超过一定规模的危大工程包括哪些？

根据《住房城乡建设部办公厅关于实施〈危险性较大的分部分项工程安全管理规定〉有关问题的通知》（建办质〔2018〕31 号），国务院住房城乡建设主管部门制定的危大工程和超过一定规模的危大工程的范围如下。

1. 基坑工程

基坑工程的划分如图 1-10 所示。

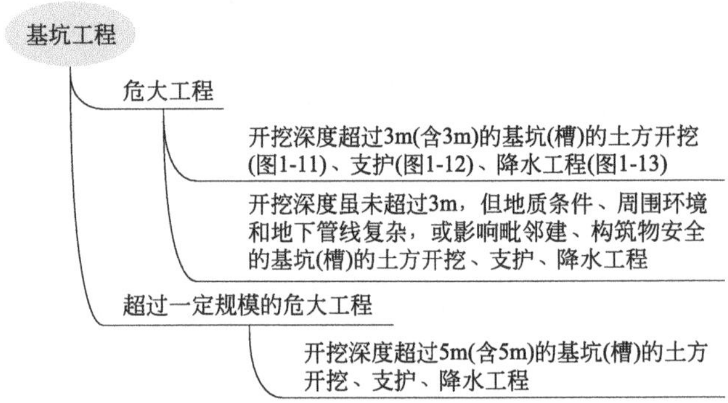

基坑工程

　危大工程

　　开挖深度超过3m(含3m)的基坑(槽)的土方开挖(图1-11)、支护(图1-12)、降水工程(图1-13)

　　开挖深度虽未超过3m，但地质条件、周围环境和地下管线复杂，或影响毗邻建、构筑物安全的基坑(槽)的土方开挖、支护、降水工程

　超过一定规模的危大工程

　　开挖深度超过5m(含5m)的基坑(槽)的土方开挖、支护、降水工程

图 1-10　基坑工程的划分

图 1-11　土方开挖作业

图 1-12　基坑支护示意

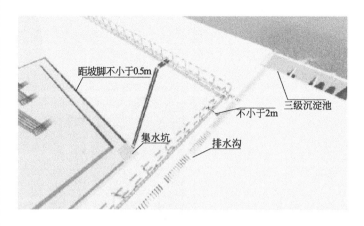

图 1-13 基坑降排水示意

2. 模板工程及支撑体系

模板工程及支撑体系的划分如图 1-14 所示。

模板工程及支撑体系

危大工程
　　各类工具式模板工程：包括滑模、爬模、飞模、隧道模等工程。模板作业面安全防护如图1-15所示
　　混凝土模板支撑工程：搭设高度5m及以上，或搭设跨度10m及以上，或施工总荷载(荷载效应基本组合的设计值，以下简称设计值)为10kN/m²及以上，或集中线荷载(设计值)为15kN/m及以上，或高度大于支撑水平投影宽度且相对独立无联系构件的混凝土模板支撑工程
　　承重支撑体系(图1-16)：用于钢结构安装等满堂支撑体系

超过一定规模的危大工程
　　各类工具式模板工程：包括滑模、爬模、飞模、隧道模等工程
　　混凝土模板支撑工程：搭设高度8m及以上，或搭设跨度18m及以上，或施工总荷载(设计值)为15kN/m²及以上，或集中线荷载(设计值)为20kN/m及以上
　　承重支撑体系：用于钢结构安装等满堂支撑体系，承受单点集中荷载7kN及以上

图 1-14 模板工程及支撑体系的划分

3. 起重吊装及起重机械安装拆卸工程

起重吊装及起重机械安装拆卸工程的划分如图 1-17 所示。

塔式起重机如图 1-18 所示。

图 1-15　模板作业面安全防护　　　　　图 1-16　承重支撑体系示意

起重吊装及起重机械安装
拆卸工程

危大工程

采用非常规起重设备、方法，且单件起吊重量
在10kN及以上的起重吊装工程

采用起重机械进行安装的工程

起重机械设备自身的安装、拆卸

超过一定规模的危大工程

采用非常规起重设备、方法，且单件起
吊重量在100kN及以上的起重吊装工程

起重量300kN及以上，或搭设总高度
200m及以上，或搭设基础标高在200m
及以上的起重机械安装和拆卸工程

图 1-17　起重吊装及起重机械安装拆卸工程的划分

图 1-18 塔式起重机

4. 脚手架工程

脚手架工程的划分如图 1-19 所示。

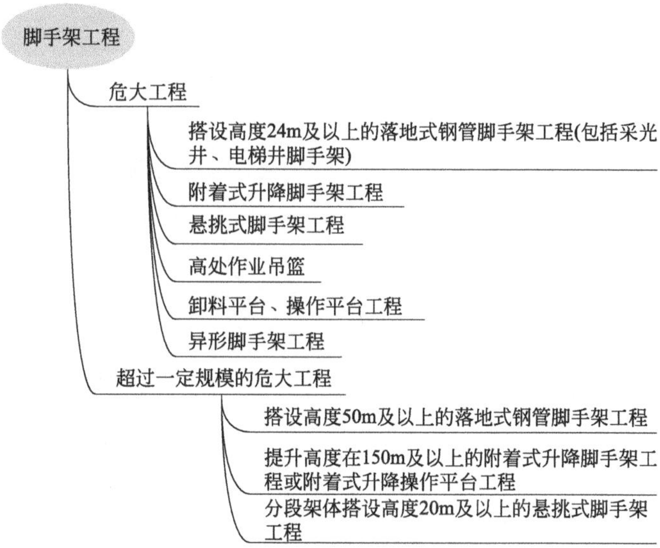

脚手架工程
　危大工程
　　搭设高度24m及以上的落地式钢管脚手架工程(包括采光井、电梯井脚手架)
　　附着式升降脚手架工程
　　悬挑式脚手架工程
　　高处作业吊篮
　　卸料平台、操作平台工程
　　异形脚手架工程
　超过一定规模的危大工程
　　搭设高度50m及以上的落地式钢管脚手架工程
　　提升高度在150m及以上的附着式升降脚手架工程或附着式升降操作平台工程
　　分段架体搭设高度20m及以上的悬挑式脚手架工程

图 1-19 脚手架工程的划分

镀锌钢板网或冲孔钢板网代替安全网的外脚手架如图 1-20 所示。悬挑脚手架整体效果图如图 1-21 所示。

图 1-20 镀锌钢板网或冲孔钢板网代替安全网的外脚手架

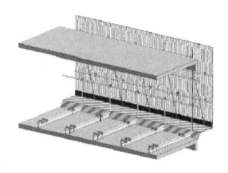

图 1-21 悬挑脚手架整体效果图

5. 拆除工程

拆除工程的划分如图 1-22 所示。

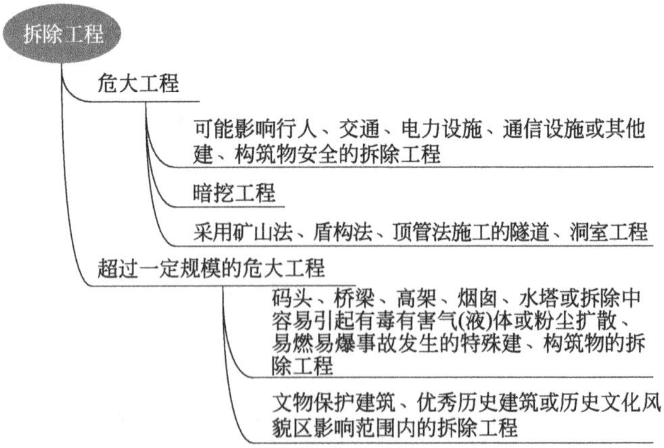

拆除工程
　危大工程
　　可能影响行人、交通、电力设施、通信设施或其他建、构筑物安全的拆除工程
　　暗挖工程
　　采用矿山法、盾构法、顶管法施工的隧道、洞室工程
　超过一定规模的危大工程
　　码头、桥梁、高架、烟囱、水塔或拆除中容易引起有毒有害气(液)体或粉尘扩散、易燃易爆事故发生的特殊建、构筑物的拆除工程
　　文物保护建筑、优秀历史建筑或历史文化风貌区影响范围内的拆除工程

图 1-22 拆除工程的划分

机械拆除和爆破拆除分别见图 1-23 和图 1-24。

图 1-23 机械拆除

图 1-24 爆破拆除

6. 暗挖工程

暗挖工程的划分如图 1-25 所示。

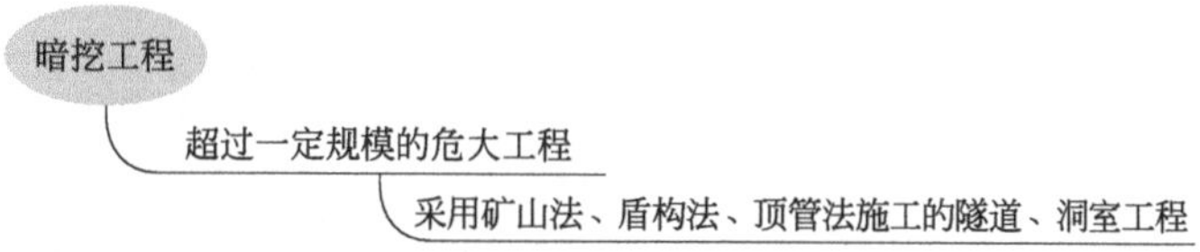

暗挖工程
　　超过一定规模的危大工程
　　　采用矿山法、盾构法、顶管法施工的隧道、洞室工程

图 1-25 暗挖工程的划分

暗挖工程现场图如图 1-26 所示，盾构机及盾构掘进示意分别如图 1-27 和图 1-28 所示。

图 1-26 暗挖工程现场图

图 1-27　盾构机

图 1-28　盾构掘进示意

其他工程

危大工程

建筑幕墙安装工程

钢结构、网架和索膜结构安装工程

人工挖孔桩工程

水下作业工程

装配式建筑混凝土预制构件安装工程

采用新技术、新工艺、新材料、新设备可能影响工程施工安全，尚无国家、行业及地方技术标准的分部分项工程

超过一定规模的危大工程

施工高度50m及以上的建筑幕墙安装工程

跨度36m及以上的钢结构安装工程，或跨度60m及以上的网架和索膜结构安装工程

开挖深度16m及以上的人工挖孔桩工程

水下作业工程

重量1000kN及以上的大型结构整体顶升、平移、转体等施工工艺

采用新技术、新工艺、新材料、新设备可能影响工程施工安全，尚无国家、行业及地方技术标准的分部分项工程

图 1-29　其他工程的划分

7. 其他工程

其他工程的划分如图 1-29 所示。

框架式幕墙安装如图 1-30 所示，单元板块安装如图 1-31 所示，索膜工程如图 1-32 所示。

图 1-30 框架式幕墙安装示意

图 1-31 单元板块安装

图 1-32 索膜工程

省级住房和城乡建设主管部门可以结合本地区实际情况，补充本地区危大工程范围。

【关键词】补充

【问题】省级住房和城乡建设主管部门如何补充本地区危大工程范围？

各省级住房和城乡建设主管部门可以执行《住房和城乡建设部办公厅关于实施〈危险性较大的分部分项工程安全管理规定〉有关问题的通知》（建办质〔2018〕31号）中有关危大工程及超过一定规模的危大工程的范围，也可结合本地区实际情况进行补充。比如，图1-33表现的就是北京市住房和城乡建设主管部门对危险性较大的基坑工程范围进行的补充。北京市危大工程及超过一定规模的危大工程的范围可参考本书附录三中的《危险性较大的分部分项工程范围》的附件1和《超过一定规模的危险性较大的分部分项工程范围》的附件2。

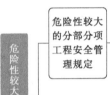

危险性较大的基坑工程	危险性较大的分部分项工程安全管理规定	1. 开挖深度超过3m（含3m）的基坑（槽）的土方开挖、支护、降水工程
		2. 开挖深度虽未超过3m，但地质条件、周围环境和地下管线复杂，或影响毗邻建、构筑物安全的基坑（槽）的土方开挖、支护、降水工程
	北京市住房城乡建设主管部门补充	1. 开挖深度超过3m（含3m）的基坑（槽）的土方开挖、支护、降水工程
		2. 开挖深度虽未超过3m，但地质条件和（或）周边环境条件复杂的基坑（槽）〔符合《建筑基坑支护技术规程》(DB11/489)基坑侧壁安全等级一、二级判断标准〕的土方开挖、支护、降水工程

图 1-33　北京市住房和城乡建设主管部门对
危险性较大的基坑工程的范围进行的补充

第四条　国务院住房和城乡建设主管部门负责全国危大工程安全管理的指导监督。

【关键词】国务院住房和城乡建设主管部门、指导监督

【问题】国务院住房和城乡建设主管部门对全国危大工程的安全管理，具体怎样进行指导监督？

举例来说，2019年3月22日，住房和城乡建设部办公厅发布《关于2018年房屋市政工程生产安全事故和建筑施工安全专项治理行动情况的通报》（建办质函〔2019〕188号），通报指出，2018年，各地住房和城乡建设主管部门认真贯彻落实党中央、国务院有关安全生产重大决策部署，防范化解重大安全风险，积极部署开展建筑施工安全专项治理行动，全国建筑施工安全形势总体稳定。相关情况如下。

1. 房屋市政工程生产安全事故情况

（1）总体情况

2018年，全国共发生房屋市政工程生产安全事故734起、死亡840人，与上年相比，事故起数增加42起、上升6.1%，死亡人数增加33人、上升4.1%。其中，宁夏、四川、黑龙江、河北、海南、陕西、北京、青海、上海、山东、辽宁、福建、甘肃、河南、重庆等15个地区事故起数同比上升，宁夏、四川、黑龙江、河北、北京、上海、青海、海南、辽宁、山东、安徽、陕西、福建、甘肃等14个地区死亡人数同比上升。图1-34和图1-35分别为2018年各月事故起数情况和各月事故死亡人数情况。

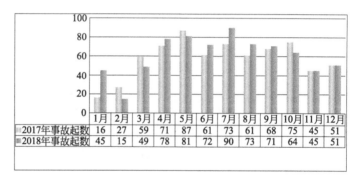

	1月	2月	3月	4月	5月	6月	7月	8月	9月	10月	11月	12月
2017年事故起数	16	27	59	71	87	61	73	61	68	75	45	51
2018年事故起数	45	15	49	78	81	72	90	73	71	64	45	51

图1-34 2018年各月事故起数情况

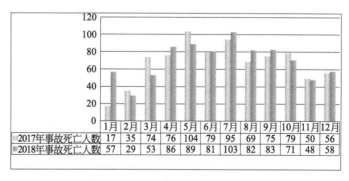

	1月	2月	3月	4月	5月	6月	7月	8月	9月	10月	11月	12月
2017年事故死亡人数	17	35	74	76	104	79	95	69	75	79	50	56
2018年事故死亡人数	57	29	53	86	89	81	103	82	83	71	48	58

图1-35 2018年各月事故死亡人数情况

2018年，全国房屋市政工程生产安全事故按照类型划分，高处坠落事故383起，占总数的52.2%；物体打击事故 112 起，占总数的 15.2%；起重伤害事故 55 起，占总数的 7.5%；坍塌事故 54 起，占总数的 7.3%；机械伤害事故 43 起，占总数的 5.9%；车辆伤害、触电、中毒和窒息、火灾和爆炸及其他类型事故 87 起，占总数的 11.9%。2018 年事故类型情况如图 1-36 所示。

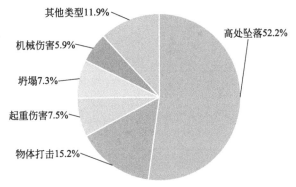

图 1-36　2018 年事故类型情况

（2）较大及以上事故情况

2018 年，全国共发生房屋市政工程生产安全较大及以上事故 22 起、死亡 87 人，与上年相比，事故起数减少 1 起、下降 4.3%，死亡人数减少 3 人、下降 3.3%。全国 15 个地区发生较大及以上事故。其中，广东发生重大事故 1 起、死亡 12 人，较大事故 2 起、死亡 7 人；安徽发生较大事故 2 起、死亡 10 人；山东发生较大事故 2 起、死亡 9 人；上海、广西、贵州各发生较大事故 2 起、死亡 6 人；江西、河南、海南、宁夏各发生较大事故 1 起、死亡 4 人；天津、河北、湖北、四川、陕西各发生较大事故 1 起、死亡 3 人。广东省佛山市轨道交通 2 号线一期工程"2·7"透水坍塌重大事故，造成严重人员伤亡和财产损失，教训极其惨痛。2018 年各月较大及以上事故起数情况和死亡人数情况分别如图 1-37 和图 1-38 所示。

2018 年，全国房屋市政工程生产安全较大及以上事故按照类型划分，坍塌事故 10 起，占事故总数的 45.5%；起重伤害事故 4 起，占总数的 18.2%；中毒和窒息事故 3 起，占总数的 13.7%；高处坠落事故 2 起，

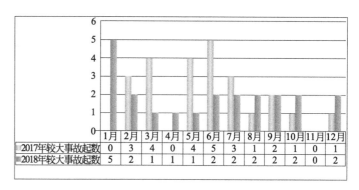

图 1-37　2018 年各月较大及以上事故起数情况

	1月	2月	3月	4月	5月	6月	7月	8月	9月	10月	11月	12月
2017年较大事故起数	0	3	4	0	4	5	3	1	2	1	0	1
2018年较大事故起数	5	2	1	1	1	2	2	2	2	2	0	2

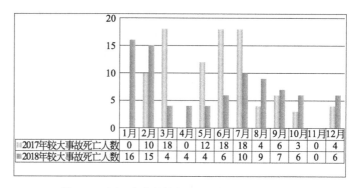

图 1-38　2018 年各月较大及以上事故死亡人数情况

	1月	2月	3月	4月	5月	6月	7月	8月	9月	10月	11月	12月
2017年较大事故死亡人数	0	10	18	0	12	18	18	4	6	3	0	4
2018年较大事故死亡人数	16	15	4	4	4	6	10	9	7	6	0	6

占总数的 9.1%；机械伤害事故、触电事故和其他事故各发生 1 起，各占总数的 4.5%。2018 年较大事故类型情况如图 1-39 所示。

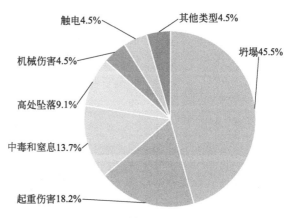

图 1-39　2018 年较大事故类型情况

2. 建筑施工安全专项治理行动情况

（1）危险性较大的分部分项工程安全管控情况

2018年，全国27个地区已制定《危险性较大的分部分项工程安全管理规定》（住房和城乡建设部令第37号）的实施细则，江苏、江西、甘肃、青海、新疆生产建设兵团未制定实施细则。各地共组织开展《危险性较大的分部分项工程安全管理规定》宣传贯彻活动14718次，累计参加1045444人次。

2018年，各地组织企业自查危险性较大的分部分项工程安全隐患共计464494个，完成整改456006个，整改率为98.2%；其中，山西、广东、福建、云南、河南的隐患整改率偏低。各地住房和城乡建设主管部门督办危险性较大的分部分项工程重大安全隐患共计24399个，完成整改24056个，整改率为98.6%；其中，海南、广西、河南、广东、贵州、云南的重大隐患整改率偏低。

2018年，各地对危险性较大的分部分项工程实施重点监督检查，检查工程共计320155项，查处违法行为共计11302起，其中，未编制或论证专项施工方案1430起、未按专项施工方案施工4367起，处罚企业共计8161个，处罚人员共计4675名，累计罚款约1.02亿元，共对56个企业实施暂扣安全生产许可证处罚。

（2）安全监管长效机制建设情况

2018年，全国26个地区已开展建筑施工安全工作层级考核，黑龙江、西藏、陕西、青海、宁夏、新疆生产建设兵团未开展层级考核。各地积极推进建筑施工安全诚信体系建设，共记录建筑施工安全不良信用信息27650条，涉及企业15665个，涉及人员9696名；其中，对134个企业、70名人员实施部门联合惩戒。

2018年，各地积极推进与全国建筑施工安全监管信息系统数据共享工作，全国30个地区已共享建筑施工企业安全生产许可证数据、29个地区已共享建筑施工企业安全管理人员安全生产考核合格证书数据、26个地区已共享建筑施工特种作业人员操作资格证书数据。宁夏未共享建筑施工企业安全生产许可证数据，上海、宁夏未共享建筑施工企业安全管理人员安全生产考核合格证书数据，上海、江西、湖南、宁夏未共享建筑施工特种作业人员操作资格证书数据。

3. 下一步工作要求

2018 年，全国建筑施工安全形势依然严峻，事故起数和死亡人数仍然偏多，重特大事故尚未完全杜绝；各地在推进建筑施工安全专项治理行动各项工作中存在不平衡、不充分的问题，施工安全基础薄弱状况没有根本改变。2019 年是新中国成立 70 周年，是全面建成小康社会的关键之年。地方各级住房和城乡建设主管部门要坚持以人民为中心的发展思想，稳中求进、改革创新、担当作为，认真按照《住房和城乡建设部办公厅关于深入开展建筑施工安全专项治理行动的通知》（建办质〔2019〕18 号）的要求，在 2018 年工作的基础上，再部署、再动员，重点抓好防范重大安全风险、加大事故查处问责力度、改革完善安全监管制度、提升安全综合治理能力等工作，坚决遏制重特大事故，严格防控较大事故，有效减少事故总量，确保房屋市政工程安全生产形势稳定。

【关键词】县级以上地方人民政府住房和城乡建设主管部门、监督管理

县级以上地方人民政府住房和城乡建设主管部门负责本行政区域内危大工程的安全监督管理。

【问题】县级以上地方人民政府住房和城乡建设主管部门如何对本行政区域内危大工程的安全进行监督管理？

根据《中华人民共和国安全生产法》，国务院和县级以上地方各级人民政府应当加强对安全生产工作的领导，支持、督促各有关部门依法履行安全生产监督管理职责，建立健全安全生产工作协调机制，及时协调、解决安全生产监督管理中存在的重大问题。

以北京市为例，2018 年 7 月 9 日至 7 月 13 日，为进一步加强北京新机场建设工程安全管理水平，及时消除施工现场安全隐患，确保危险性较大的分部分项工程按规定组织施工，北京市新机场建设协调处组织大兴区住房和城乡建设委员会、北京中建源建筑工程管理有限公司（北京市建筑施工企业安全标准化考评机构）对新机场建设中超过一定规模的危大工程开展执法检查。检查组对新机场口岸非现场设施项目海关国检综合办公楼及国检口岸疾控中心、污水处理厂和停车楼及综合服务楼等14项工程开展执法检查，检查内容涵盖危大工程专项施工方案、专家论证报告、专项施工方案实施情况和内业资料等。每项工程检查完毕后，检查组立即组织建设、施工、监理单位召开现场总结会，对施工现场总体情况进行点评，通报施工过程中存在的违法违规行为和处理决定，并提出整改要求。图1-40为北京市住房和城乡建设主管部门对危大工程的监督管理。

图 1-40 北京市住房和城乡建设主管
部门对危大工程的监督管理

第二节　前期保障

第五条　建设单位应当依法提供真实、准确、完整的工程地质、水文地质和工程周边环境等资料。

【关键词】建设单位、资料

【问题1】工程地质、水文地质资料指的是什么？
工程地质、水文地质资料包括：
（1）区域的或者国土整治、国土规划区的水文地质、工程地质调查地质资料和地下水资源评价、地下水动态监测的地质资料；
（2）大中型城市、重要能源和工业基地、县（旗）以上农田（牧区）的重要供水水源地的地质勘察资料；

（3）地质情况复杂的铁路干线，大中型水库、水坝，大型水电站、火电站、核电站、抽水蓄能电站，重点工程的地下储库、洞（硐）室，主要江河的铁路、公路特大桥，地下铁道、6公里以上的长隧道，大中型港口码头、通航建筑物工程等国家重要工程建设项目的水文地质、工程地质勘察地质资料；

（4）单独编写的矿区水文地质、工程地质资料，地下热水、矿泉水等专门性水文地质资料以及岩溶地质资料；

（5）重要的小型水文地质、工程地质勘察资料。

【问题2】工程周边环境资料指的是什么？

工程周边环境资料包括以下内容。

（1）周围道路交通条件　场地是否与城市道路相邻或相接，周围的城市道路性质、等级和走向情况，人流、车流的流量和流向。

（2）相邻场地的建设状况　基地相邻场地的土地使用状况、布局模式、基本形态，以及场地各要素的具体处理形式，是基地周围建设条件调研的第二个重要组成部分。

场地要与城市形成良好的协调关系，必须做到与周围环境的和谐统一。

（3）基地附近所具有的一些城市特殊元素　场地周围已存在一些比较特殊的城市元素，比如城市公园、公共绿地、城市广场或其他类型的自然或人文景观等，对场地设计会有一些特定的影响。

（4）现状建筑物　现状建筑物的用途、质量、层数、结构形式和建造时间。

（5）公共服务设施与基础设施　场地设施主要有公共服务设施和基础设施两大类。前者包括商业与餐饮服务、文教、金融办公等；后者是指基地内现有的道路、广场、桥涵和给水、排水、供暖、供电、电信和燃气等管线工程。

（6）现状绿化与植被　基地中的现存植物是一种有利的资源，应尽可能地加以利用，特别是对场地中的古树和名木，更应如此。古树是指树龄在 100 年以上的树木；名木是指国内稀有的以及具有历史价值、纪念意义或重要科研价值的树木。

（7）文物古迹　场地内如有具有重大历史价值的文物存在，应注意保护。

【问题 3】建设单位未按照《危险性较大的分部分项工程安全管理规定》提供工程周边环境等资料的后果是什么？

根据《危险性较大的分部分项工程安全管理规定》第二十九条，建设单位未按照本规定提供工程周边环境等资料的，责令限期改正，并处 1 万元以上、3 万元以下的罚款；对直接负责的主管人员和其他直接责任人员处 1000 元以上、5000 元以下的罚款。

【问题 4】建设单位还应该提供哪些资料？

根据《建设工程安全生产管理条例》，建设单位应当向施工单位提供施工现场及毗邻区域内供水、排水、供电、供气、供热、通信、广播电视等地下管线资料，气象和水文观测资料，相邻建筑物和构筑物、地下工程的有关资料（图 1-41），并保证资料的真实、准确、完整。建设单位因建设工程需要，向有关部门或者单位查询以上规定的资料时，有关部门或者单位应当及时提供。

第六条　勘察单位应当根据工程实际及工程周边环境资料，在**勘察文件**中说明地质条件可能造成的工程风险。

【关键词】勘察单位、勘察文件

【问题 1】勘察单位的责任具体是什么？

根据《建设工程安全生产管理条例》，勘察单位应当按照法律、法规和工程建设强制性标准进行勘察，提供的勘察文件应当真实、准确，满足建设工程安全生产的需要。勘察单位在勘察作业时，应当严格执行操作规程，采取措施保证各类管线、设施和周边建筑物、构筑物的安全。图 1-42 所示为某岩土工程勘察文件目录。

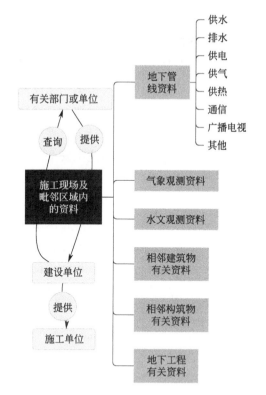

图 1-41　建设单位应该提交的资料

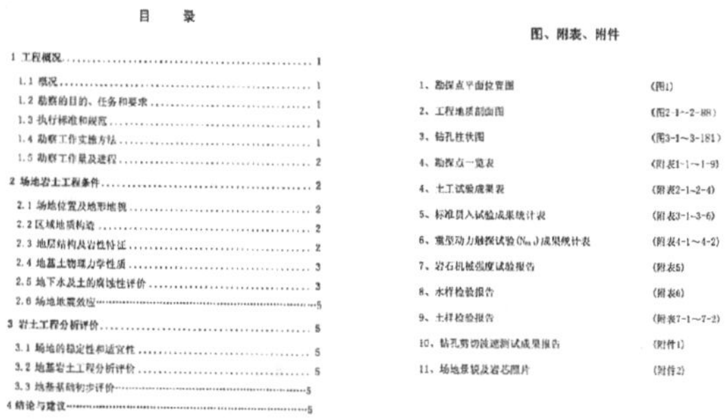

图 1-42　某岩土工程勘察文件目录

【问题2】勘察单位未在勘察文件中说明地质条件可能造成的工程风险的后果是什么？

根据《危险性较大的分部分项工程安全管理规定》第三十条，勘察单位未在勘察文件中说明地质条件可能造成的工程风险的，责令限期改正，依照《建设工程安全生产管理条例》对单位进行处罚；对直接负责的主管人员和其他直接责任人员处1000元以上、5000元以下的罚款。

设计单位应当在设计文件中注明涉及危大工程的重点部位和环节，提出保障工程周边环境安全和工程施工安全的意见，必要时进行专项设计。

【关键词】设计单位、设计文件

【问题 1】设计单位的责任具体是什么？

根据《建设工程安全生产管理条例》，设计单位应当按照法律、法规和工程建设强制性标准进行设计，防止因设计不合理导致生产安全事故的发生。设计单位应当考虑施工安全操作和防护的需要，对涉及施工安全的重点部位和环节在设计文件中注明，并对防范生产安全事故提出指导性意见。采用新结构、新材料、新工艺的建设工程和特殊结构的建设工程，设计单位应当在设计中提出保障施工作业人员安全和预防生产安全事故的措施建议。设计单位和注册建筑师等注册执业人员应当对其设计负责。某工程设计文件（节选）如图 1-43 所示。

站点说明

一、站点简述：

站点名称为××花园地下车库，站点编码为：SBZZIC000256，位于××市静城区和谐路和黄河路西北角，东经117.320832，北纬34.800977，该站点有一个地下车库，车库建筑面积6000平方米。

二、网络现状及覆盖需求：

该站点网络现状为无网络覆盖；根据建设单位提供的需求，需要对××花园地下车库期所在区域（地下一层）进行GSM信号的覆盖。

三、设计方案说明：

本方案采用新建一套GSM平层天线的建设方式进行覆盖；

GSM信号覆盖系统使用1台GRRU近端机，2台GRRU远端机，GRRU远端机分别安装在地下车库东、西侧墙上；设备下沿距地面1.5米以上，近端机安装在西季青华西机房综合柜内。

安装在业主楼宇内的设备可以通过连接楼技术措施等措施实现就近接地。

四、安全施工说明：

1.施工工具应定期进行检查、检测及校准，避免操作不当或施工器械缺陷造成设备损坏、人身安全事故；

2.施工现场要竖立明显标记以提醒施工无关人员远离施工现场，应按规定设置安全防护遮栏、围墙，安全警示标志，夜间必须设置红灯等安全防护措施，以确保施工人员及行人、车辆的安全；

3.高压电源附近作业：施工过程中应避免靠近高压电源，须保持安全的施工距离；严禁在电力线路（尤其是高压线路）正下方立杆作业；

4.不适宜作业的恶劣天气：施工过程中出现大风、雷雨或其他不安全天气或隐患应立即停止施工，待不安全因素消除后方可继续施工；

5.高温环境超负荷作业：高温天气室外作业时应准备好防暑物品，做好防暑工作，避免超负荷疲劳作业导致人员伤亡；

6.高空及登高作业：应符合国家相关高空作业的工作规则要求，设置安全标识和监护区域；施工人员做好安全护措施，避免失足跌落；

7.超高支撑杆上使用的所有可能滑落的器具、安装物件等，须严格处理，施工人员需做好安全防护措施（如配备安全绳等）；

8.上超高支撑杆作业前应进行验电，确保安全后才能作业，以确保设备及人身安全；禁止酒后高空作业。

9.电缆等各种贯穿物穿越墙壁或楼板时，必须按要求用防火封堵材料封堵洞口。施工中的设备包装材料和打印纸等易燃物品要随用随清运，不得堆放在机房内或安全通道上，站点内及其附近严禁存放易燃易爆等危险品。

材料清单

序号	名称	型号	数量	单位	备注
1	GRRU 近端机		1	台	本期新增
2	GRRU 远端机		2	台	本期新增
3	3dB 电桥（二进一出）	200W	1	只	本期新增
4	基站耦合器	200W	2	个	本期新增
5	低功率等级腔体二功分器	200W	1	个	本期新增
6	低功率等级腔体三功分器	200W	1	个	本期新增
7	低功率等级 5dB 腔体耦合器	200W	1	个	本期新增
8	低功率等级 7dB 腔体耦合器	200W	1	个	本期新增
9	低功率等级 10dB 腔体耦合器	200W	1	个	本期新增
10	室内定向壁挂天线	低频 90″7dBi/高频 75″8dBi	8	副	本期新增
11	1/2″阻燃馈线	1/2″	60	米	本期新增
13	1/2″接头	1/2″B 型 Male	40	只	本期新增
14	7/8″阻燃馈线	7/8″	350	米	本期新增
15	7/8″接头	7/8″B 型 Male	20	只	本期新增
16	1/2 转接头	N-KTV	2	只	本期新增
17	1/2 转接头	N-KX	2	只	本期新增
18	1/2 转接头	N-JJ	2	只	本期新增
19	安装辅料	电表箱、电表、空气开关、PVC 管等	1	套	集成单位提供

图 1-43　某工程设计文件（节选）

【问题 2】设计单位未在设计文件中注明涉及危大工程的重点部位和环节，未提出保障工程周边环境安全和工程施工安全的意见的后果是什么？

根据《危险性较大的分部分项工程安全管理规定》第三十一条，设计单位未在设计文件中注明涉及危大工程的重点部位和环节，未提出保障工程周边环境安全和工程施工安全的意见的，责令限期改正，并处 1 万元以上、3 万元以下的罚款；对直接负责的主管人员和其他直接责任人员处 1000 元以上、5000 元以下的罚款。

第七条 建设单位应当组织勘察、设计等单位在施工招标文件中列出危大工程清单，要求施工单位在投标时补充完善危大工程清单并明确相应的安全管理措施。

【关键词】危大工程清单、安全管理措施

【问题1】危大工程清单具体包括哪些内容？

危大工程清单具体内容可参考本书附录三中的《危险性较大的分部分项工程清单》（附件3）。

【问题2】建设单位未按照《危险性较大的分部分项工程安全管理规定》在招标文件中列出危大工程清单的后果是什么？

根据《危险性较大的分部分项工程安全管理规定》第二十九条，建设单位未按照本规定在招标文件中列出危大工程清单的，责令限期改正，并处1万元以上、3万元以下的罚款；对直接负责的主管人员和其他直接责任人员处1000元以上、5000元以下的罚款。

【问题3】危大工程安全管理措施具体包括哪些内容？

以某市政工程危险性较大的分部分项工程为例，其安全管理措施具体包括以下内容。

1. 基坑支护、降水工程安全管理措施

（1）基坑支护、降水工程施工前需编制专项施工方案，并附具安全验算结果，经审批后实施。

（2）当施工场地不能满足设计坡率值的要求时，应对坑壁采取支护措施。选择支护结构，首先要确定基坑坑壁的安全等级。按照规范的要求，坑壁的安全等级按其损坏后可能造成的破坏后果的严重性、坑壁类型和基坑深度等因素，选择适合的支护方式。

（3）尽量减少基坑坡顶荷载，做好防水措施，确保开挖期间的稳定。对采用支护结构的坑壁应设置泄水孔，保证护壁内侧土体内水压力能及时消除，降低土体含水率，也便于观察基坑周边土体内地表水的情况，及时采取措施。泄水孔外倾坡度不宜小于5%，间距宜为2~3m。

（4）应对周围环境、基坑支护结构进行监测，主要有基坑支护轴力、弯曲应力、坑外地形的变形，临近建筑物的沉降和倾斜，地下管线的沉降和位移等。

2. 土方开挖工程安全管理措施

（1）施工现场设专职安全员负责土方开挖全过程的安全监控、管理。

（2）土方开挖的顺序、方法必须与方案相一致，并遵循"分层开挖，严禁超挖"的原则。

（3）基坑的开挖或回填应连续进行，施工中应防止地表水流入坑、沟内，以免边坡塌方或基底土质遭到破坏。

（4）基坑在开挖过程和敞露期间应防止塌陷，必要时应加以保护。

（5）在开挖边坡上侧堆土或材料以及移动施工机械时，土方作业机械或施工机械应在挖方边缘保持2.5m的距离，堆土或材料应距挖方边缘1.5m以外，高度不超过1.5m。

（6）机械和人工土方开挖操作时应注意上方土壤的变动情况，如发现有裂纹或部分塌落应及时放坡或加固，并指定专人负责实施。

（7）机械开挖后边坡应用人工加以修整，并及时进行边坡支护，达到设计要求后再进行下层作业。

（8）开挖边坡土方，严禁切割坡脚，以防导致边坡失稳。

（9）施工人员及材料上下深坑应预先搭设稳固安全的上下人通道，避免上下时发生坠落，并指定专人负责实施。

（10）机械施工区域禁止无关人员进入场地内，挖掘机工作回转半径范围内不得站人或进行其他作业，挖掘机、装载机卸土应待整机停稳后进行，不得将铲斗从运输汽车驾驶室顶部越过，装土时任何人都不得停留在装土车辆车厢上。

（11）基坑四周必须悬挂警示标志，并在夜间挂红色标志灯。任何人严禁在深坑、陡坡下面休息。

（12）当工程基坑开挖深度超过5m时，则属于超过一定规模的危险性较大分部分项工程，应组织专家对专项施工方案进行论证。在作业过程中项目专职安全管理人员监督是否按论证方案施工。

3. 人工挖孔桩安全管理措施

（1）进入施工现场必须戴好安全帽，佩戴相应劳动保护用品，特别是井下作业人员，必须穿好长筒绝缘胶靴，井口作业人员必须系好安全带和保险钩。

（2）每天开始作业前及施工中，现场的作业人员都应配合项目机电人员认真检查提升机是否完好无损，防护设施是否牢固可靠，发现问题应及时整改，并在修复及设备试运行正常完好后方准许正式使用。

（3）混凝土护壁浇筑时，应高出井沿，以保护井口和防止物体滑落井内伤人。施工工具及孔内运出的土石料应堆放在离井口1m以外的地方且不得高于1.5m。

（4）当井下有人作业时，井上作业人员不得擅自离开岗位，应密切注意井下作业状况，并做到井下人员轮换作业。井孔上下设立可靠的联络信号并保持联络，发现异常时应立即帮助井下作业人员撤离井底返回地面，并报告项目管理人员检查处理。

（5）作业人员上下井时必须乘坐专用安全乘人吊笼，不得随意攀爬护壁和乘坐吊桶等方式上下井，以防造成坠落事故。

（6）吊桶内渣土严禁超装，以防止渣土掉落伤人，在吊装时，孔内作业人员应站立于一侧，等吊运完成后再进行作业。

（7）当挖孔深度超过6m时，应采用压力风管引至井底进行送风，特别是对存在臭水、污泥和异味的井孔，下井作业前必须对井内送风，并对井内空气进行检测，确认无有毒气体后方可下井。作业过程中不得间断送风，以防有害气体中毒窒息事故发生。地面还需常备氧气瓶等急救用品。

（8）作业结束后井口必须按要求进行覆盖，并设置醒目的安全警示标志，禁止在夜间进行挖孔作业。

（9）若工程部分孔桩深度超过16m时，则属于超过一定规模的危险性较大分部分项工程，应组织专家对专项施工方案进行论证。在作业过程中项目安全管理人员应监督是否按论证方案施工。

4. 模板工程及支撑体系安全管理措施

（1）支架应由具有相关资质的单位搭设和拆除。

（2）作业人员应经过专业培训、定期体检，不适合高处作业者不能进行搭设和拆除作业。

（3）进行搭拆作业时，作业人员必须戴安全帽、系安全带、穿防滑鞋。

（4）施工前应根据建（构）筑物的施工方案选择合理的模板支架形式，在专项施工方案中制定搭设、拆除的程序及安全技术措施。

（5）模板支架应严格按获准的施工方案或专项方案搭设和安装。

（6）模板支架搭设完成后，必须进行质量检查，经验收合格并形成文件后，方可交付使用。

（7）施工前进行安全交底，交底内容要有针对性，针对重点问题提出重点可靠的防护措施，并明确责任人。

（8）模板支架拆除现场应设作业区，其边界设警示标志，并由专人值守，非作业人员严禁入内。

（9）支架拆除采用机械作业时应由专人指挥。拆除应按施工方案或专项方案要求由上而下逐层拆除，严禁上下同时作业。

（10）严禁敲击、硬拉模板、杆件和配件，严禁抛掷模板、杆件、配件，拆除的模板、杆件、配件应分类堆放。

（11）本工程桥梁墩柱模板采用滑模工艺，箱梁模板支撑体系搭设高度超过 8m、跨度大于 18m，承重支撑单点集中荷载达 700kg 以上，属于超过一定规模的危险性较大分部分项工程，需组织专家对专项施工方案进行论证。在施工过程中项目安全管理人员应监督按论证方案施工。

5. 脚手架工程安全管理措施

（1）落地式、悬挑式脚手架搭设安全技术措施

① 作业人员应经过专业培训，并考试合格取得特种作业操作证，凡有高血压、心脏病、癫痫、恐高症等不适合在高处作业者，均不得从事脚手架搭拆作业。

② 脚手架搭设前必须编制施工方案和进行安全技术交底，并经双方签字，附影像资料留存。需要组织专家论证的脚手架应组织论证，就经论证修改后的方案向所有参加作业人员进行技术交底。

③ 脚手架在高处（2m以上）作业时、必须系安全带。安全带必须与已搭好的立、横杆扣牢，不得挂在铅丝或其他不牢固的地方。在脚手架上操作要精力集中、禁止打闹。

④ 遇有恶劣天气影响安全施工时应停止高处作业。

⑤ 未搭设完成的脚手架，除脚手架工外一律不准上架。脚手架搭设完成后由施工操作人员会同脚手架工长以及使用工种人员、技术员、安全员等有关人员共同进行验收合格后方可使用。使用中的脚手架必须保持完整，禁止随意拆改脚手架或挪用跳板。必须拆改时，应经施工负责人批准，由脚手架工负责操作。

⑥ 悬挑式脚手架搭设时，连墙件、型钢支承架对应的主体结构混凝土必须达到设计计算要求的强度，在上部的脚手架搭设时型钢支承架对应的混凝土强度不得小于C15。

⑦ 悬挑式脚手架必须严格按照设计、施工方案进行搭设，而且，在悬挑式脚手架搭设过程中，需指定监护人员进行监护。

⑧ 预埋件等隐蔽工程的设置应按设计要求执行，预埋件连接的验收手续应齐全。对没有完成搭设的悬挑式脚手架，每日收工时，应采取可靠措施固定，确保架体稳定。每搭设完一步（层）脚手架后，应按要求校正步距、纵距、横距及立杆的垂直和水平度。

⑨ 高度在24m以下的落地式脚手架应在外侧立面两端各设置一组剪刀撑，中间部分不大于15m间距设置一道，由底部至顶部随脚手架连续设置。高度大于24m以上的落地式脚手架、悬挑式脚手架应沿外侧长度和高度连续设置剪刀撑。

（2）脚手架拆除安全技术措施

① 外架拆除前，技术人员要向拆架人员进行书面安

全交底，交底要有签字记录。拆除中途更换人员必须重新进行安全交底。

② 拆架前应划分工作区，并设置警示标志。在没有专人值守的情况下不准拆除。

③ 拆架人员必须系安全带，拆除过程中，应指派责任心强、技术水平高的人担任指挥。

④ 拆架时遇有管线阻碍时不得任意割移，同时要注意扣件崩扣，避免踩在滑动的杆件上操作。

⑤ 拆架人员应配备工具套，工具用后必须放在工具套内。

⑥ 拆架休息时不准坐在脚手架上或不安全的地方，严禁拆架时嬉戏打闹。

⑦ 拆除时应按方案要求从上到下逐层拆除，严禁上下同时作业，严禁抛掷钢管、扣件，拆除的材料应分类堆码整齐。

⑧ 拆下来的钢管要定期刷一道防锈漆、一道调和漆，弯管要调直、扣件要上油润滑。

⑨ 严禁脚手架工在夜间进行脚手架搭拆工作。

（3）吊篮脚手架安全管理措施

① 在吊篮施工区域内设置明显安全警示标志，对危险区域做好安全防护，严禁交叉作业、严禁将吊篮作为垂直运输设备使用。作业时，吊篮下方严禁站人。

② 吊篮上作业人员必须配备安全带，且拴挂于独立的安全绳上。独立安全绳应该固定在有足够强度的建筑结构上，不得固定在吊篮悬挂平台上。

③ 吊篮应该设置限载及安全操作牌，严禁超载使用、垫高底部，每台吊篮使用过程中作业人员不得超过2人。

④ 吊篮内严禁放置氧气、乙炔瓶等易燃易爆物品，利用吊篮进行电焊作业时，要采取严密的防火措施，禁止用吊篮做电焊接线回路。

⑤ 在有架空输电场所使用吊篮，吊篮的任何部位与输电线安全距离不应小于10m，如条件限制，应当与有关部门协商，采取安全防护措施后方可使用吊篮。

6. 起重吊装安装拆卸安全管理措施

（1）安装安全管理措施

① 塔式起重机的安装必须编制专项安装方案，安装人员须持证上岗。

② 认真做好对塔机的防腐除锈及润滑工作。

③ 上岗人员必须经过安全技术培训，交底、持证上岗。

④ 安装期间，严禁喝酒上岗，应精力集中，严禁向下抛掷物件，使用的工具应妥善放置，防止掉落。

⑤ 设置安全警戒区域，并由专人进行安全监护，非施工人员不得进入作业区域，以防事故发生。

⑥ 检查各金属结构的焊缝及疲劳状况（主要受力部位）。

⑦ 检查绳索、电器设备、制动器的安全可靠性。

（2）运行操作安全管理措施

① 起重机整体安装或每次爬升后，应按规定程序验收通过后才可使用。

② 起重机必须有安全可靠的接地装置。工作前应检查钢丝绳、安全装置、制动装置传动机构等，如有不符合要求的情况，应予修整，经试运转确认无问题后才能施工。

③ 操作工、指挥工必须持有效特种作业证。

④ 禁止越级调速和高速时突然停车。

⑤ 必须遵守"十不吊"等有关安全规程。

⑥ 工作完毕后应把吊钩吊起，小车收进，所有操作手把置于零位，锁好配电箱，关闭司机门窗。

（3）拆除安全管理措施

① 塔式起重机的拆除需编制专项拆卸方案，拆卸人员需持证上岗。

② 设置安全警戒区域，并由专人进行安全监护。

③ 检查各工作机构的润滑及紧固情况。

④ 检查各金属结构的疲劳状况和连接状况。

⑤ 检查起重、变幅机构的刹车装置，必要时进行调整。

⑥ 检查塔机的吊索及辅助吊索具的可靠性。

⑦ 放起重臂时必须先将吊钩放到地面。

⑧ 准备倾倒塔身时，必须将起重臂头部与塔身固定牢靠，塔身下方不得站人，塔身放倒后，必须分段垫实

后再进行解体。

7. 预应力工程安全管理措施

（1）张拉前认真检查设备性能，确保设备防护齐全，性能良好，运行良好。

（2）认真检查夹具、锚固件是否符合要求，严禁使用不合格或破损产品。

（3）作业区域必须设置警示标志、专人监护，严禁非施工人员进入作业区域。

（4）钢绞线和压浆受力端必须有安全有效的栏护措施，采用竖放挡板，高度不得低于 2m，宽度不得小于 1.5m。

（5）张拉时，作业人员不得正对夹具、钢绞线和压浆口，防止物体打击。

（6）高处张拉作业必须搭设作业平台，施工人员必须系好安全带。

（7）张拉应先上好夹具，人员离开后再开泵，发现滑动或其他情况时，应先停泵处理好后再进行施工。

（8）张拉严格按照预应力和伸长率进行，不得随意变更。不论拉伸或放松都应缓慢均匀，发现油泵、千斤顶、锚卡具有异常，应立即停止张拉。

（9）千斤顶支架必须与构件对准，放置平整、稳固，测量伸长度、加楔和拧紧螺栓应先停止拉伸，作业人员站两侧操作，所有人员不得从千斤顶正面通过和停留，以免弹出伤人。

第八条　建设单位应当按照施工合同约定及时支付危大工程 **施工技术措施费** 以及相应的 **安全防护**、**文明施工措施费**，保障危大工程施工安全。

【关键词】施工技术措施费、安全防护、文明施工措施费

【问题 1】施工技术措施费具体包括哪些费用？
施工技术措施费的具体内容如图 1-44 所示。

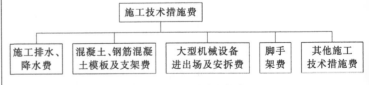

图 1-44　施工技术措施费

【问题2】安全防护、文明施工措施费具体包括哪些费用？

根据《关于印发〈建筑工程安全防护、文明施工措施费用及使用管理规定〉的通知》（建办〔2005〕89号），建筑工程安全防护、文明施工措施费用是由《建筑安装工程费用项目组成》（建标〔2003〕206号）中措施费所含的文明施工费、环境保护费、临时设施费、安全施工费组成。其中安全施工费由临边、洞口、交叉、高处作业安全防护费，危险性较大工程安全措施费及其他费用组成。危险性较大工程安全措施费及其他费用项目组成由各地建设行政主管部门结合本地区实际自行确定。

建设工程安全防护、文明施工措施项目清单见表1-1。

⊡ 表1-1　建设工程安全防护、文明施工措施项目清单

类别	项目名称	具体要求
文明施工与环境保护	安全警示标志牌	在易发伤亡事故(或危险)处设置明显的、符合国家标准要求的安全警示标志牌
	现场围挡	(1)现场采用封闭围挡，高度不小于1.8m (2)围挡材料可采用彩色定型钢板、砖、混凝土砌块等墙体
	五板一图	在进门处悬挂工程概况、管理人员名单及监督电话、安全生产、文明施工、消防保卫五板;施工现场总平面图
	企业标志	现场出入的大门应设有本企业标识或企业标识
	场容场貌	(1)道路畅通 (2)排水沟、排水设施通畅 (3)工地地面硬化处理 (4)绿化
	材料堆放	(1)材料、构件、料具等堆放时,悬挂有名称、品种、规格等标牌 (2)水泥和其他易飞扬细颗粒建筑材料应密闭存放或采取覆盖等措施 (3)易燃、易爆和有毒有害物品分类存放
	现场防火	消防器材配置合理,符合消防要求
	垃圾清运	施工现场应设置密闭式垃圾站,施工垃圾、生活垃圾应分类存放。施工垃圾必须采用相应容器或管道运输

类别		项目名称	具体要求
临时设施		现场办公、生活设施	(1)施工现场办公、生活区与作业区分开设置，保持安全距离 (2)工地办公室、现场宿舍、食堂、厕所、饮水、休息场所符合卫生和安全要求
	施工现场临时用电	配电线路	(1)按照 TN-S 系统要求配备五芯电缆、四芯电缆和三芯电缆 (2)按要求架设临时用电线路的电杆、横担、瓷夹、瓷瓶等，或电缆埋地的地沟 (3)对靠近施工现场的外电线路，设置木质、塑料等绝缘体的防护设施
		配电箱、开关箱	(1)按三级配电要求，配备总配电箱、分配电箱、开关箱三类标准电箱。开关箱应符合"一机、一箱、一闸、一漏"。三类电箱中的各类电器应合格品 (2)按两级保护的要求，选取符合容量要求和质量合格的总配电箱和开关箱中的漏电保护器
		接地保护装置	施工现场保护零钱的重复接地应不少于三处
安全施工	临边洞口交叉高处作业防护	楼板、屋面、阳台等临边防护	用密目式安全立网全封闭，作业层另加两边防护栏杆和18cm高的踢脚板
		通道口防护	设防护棚，防护棚应为不小于 5cm 厚的木板或两道相距 50cm 的竹笆。两侧应沿栏杆架用密目式安全网封闭
		预留洞口防护	(1)用木板全封闭 (2)短边超过 1.5m 长的洞口，除封闭外四周还应设有防护栏杆
		电梯井口防护	(1)设置定型化、工具化、标准化的防护门 (2)在电梯井内每隔两层(不大于 10m)设置一道安全平网
		楼梯边防护	设 1.2m 高的定型化、工具化、标准化的防护栏杆，18cm 高的踢脚板
		垂直方向交叉作业防护	设置防护隔离棚或其他设施
		高空作业防护	有悬挂安全带的悬索或其他设施；有操作平台；有上下的梯子或其他形式的通道
其他(由各地自定)			

【问题 3】建设单位未按照施工合同约定及时支付危大工程施工技术措施费或者相应的安全防护、文明施工措施费的后果是什么？

根据《危险性较大的分部分项工程安全管理规定》第二十九条，建设单位未按照施工合同约定及时支付危大工程施工技术措施费或者相应的安全防护、文明施工措施费的，责令限期改正，并处 1 万元以上、3 万元以下的罚款；对直接负责的主管人员和其他直接责任人员处 1000 元以上、5000 元以下的罚款。

第九条 建设单位在申请办理安全监督手续时，应当提交危大工程清单及其安全管理措施等资料。

【关键词】安全监督手续、资料

【问题】建设单位在申请办理安全监督手续时，应当提交哪些资料？

根据《房屋建筑和市政基础设施工程施工安全监督工作规程》，建设单位在申请办理安全监督手续时，应当提交的资料如图 1-45 所示。

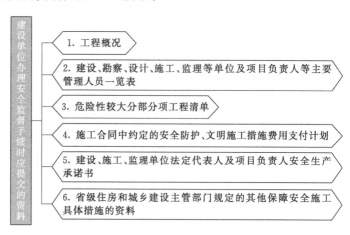

图 1-45 建设单位办理安全监督手续时应提交的资料

第二章
专项施工方案和专家论证

第一节 专项施工方案

第十条 施工单位应当在危大工程施工前组织工程技术人员编制专项施工方案。

实行施工总承包的，专项施工方案应当由施工总承包单位组织编制。危大工程实行分包的，专项施工方案可以由相关专业分包单位组织编制。

【关键词】专项施工方案、编制

【问题1】危大工程专项施工方案由谁编制？何时编制？

危大工程专项施工方案应当在危大工程施工前由施工单位技术人员编制，危大工程实行分包的，由专业分包单位组织编制。

【问题2】危大工程专项施工方案是怎么编制的？

危大工程专项施工方案的编制流程如图 2-1 所示。

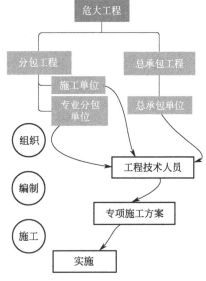

图 2-1 危大工程专项施工方案的编制流程

【问题3】危大工程专项施工方案包括哪些具体内容？

危大工程专项施工方案的具体内容如图 2-2 所示。各项具体内容如下。

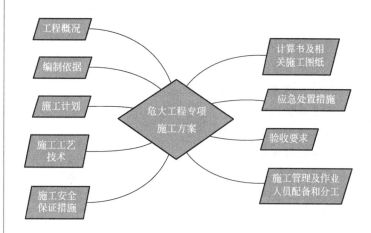

图 2-2　危大工程专项施工方案的具体内容

（1）工程概况　危大工程概况和特点、施工平面布置、施工要求和技术保证条件。

（2）编制依据　相关法律、法规、规范性文件、标准、规范及施工图设计文件、施工组织设计等。

（3）施工计划　包括施工进度计划、材料与设备计划。

（4）施工工艺技术　技术参数、工艺流程、施工方法、操作要求、检查要求等。

（5）施工安全保证措施　组织保障措施、技术措施、监测监控措施等。

（6）施工管理及作业人员配备和分工　施工管理人员、专职安全生产管理人员、特种作业人员、其他作业人员等。

（7）验收要求　验收标准、验收程序、验收内容、验收人员等。

第十一条　专项施工方案应当由施工单位技术负责人审核签字、加盖单位公章，并由总监理工程师审查签字、加盖执业印

【关键词】专项施工方案、审核、审查

【问题 1】危大工程专项施工方案的审查流程是什么？

危大工程专项施工方案的审查流程如图 2-3 所示。

章后方可实施。

危大工程实行分包并由分包单位编制专项施工方案的，专项施工方案应当由总承包单位技术负责人及分包单位技术负责人共同审核签字并加盖单位公章。

【问题2】监理机构如何审查施工单位报审的专项施工方案？

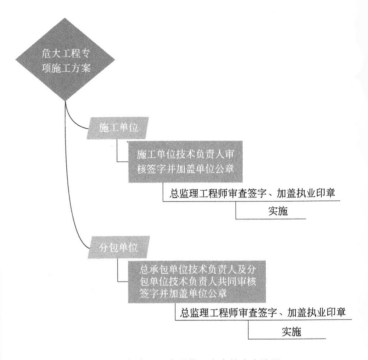

图 2-3　危大工程专项施工方案的审查流程

根据《建设工程监理规范》，项目监理机构应根据法律法规、工程建设强制性标准，履行建设工程安全生产管理的监理职责；并应将安全生产管理的监理工作内容、方法和措施纳入监理规划及监理实施细则。

项目监理机构应审查施工单位报审的专项施工方案，符合要求的，应由总监理工程师签认后报建设单位。超过一定规模的危险性较大的分部分项工程的专项施工方案，应检查施工单位组织专家进行论证审查的情况，以及是否附有安全验算结果。项目监理机构应要求施工单位按已批准的专项施工方案组织施工。专项施工方案需要调整时，施工单位应按程序重新提交项目监理机构审查。

专项施工方案审查应包括图 2-4 所示基本内容。

【问题3】施工单位未按照《危险性较大的分部分项工程安全管理规定》编制并审核危大工程专项施工方案的后果是什么？

根据《危险性较大的分部分项工程安全管理规定》第三十二条，施工单位未按照本规定编制并审核危大工程专项施工方案的，依照《建设工程安全生产管理条例》对单位进行处罚，并暂扣安全生产许可证 30 日；对直接负责的主管人员和其他直接责任人员处 1000 元以上、5000 元以下的罚款。

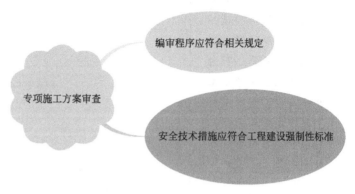

图 2-4 专项施工方案审查的内容

【问题 4】总监理工程师未按照《危险性较大的分部分项工程安全管理规定》审查危大工程专项施工方案的后果是什么？

根据《危险性较大的分部分项工程安全管理规定》第三十六条第一款，总监理工程师未按照本规定审查危大工程专项施工方案的，依照《中华人民共和国安全生产法》《建设工程安全生产管理条例》对监理单位进行处罚，对总监理工程师处 1000 元以上、5000 元以下的罚款。

第二节 专家论证

第十二条 对于超过一定规模的危大工程，施工单位应当组织召开专家论证会对专项施工方案进行论证。实行施工总承

【关键词】专家论证会

【问题 1】专家论证会参会人员有哪些？

超过一定规模的危大工程专项施工方案专家论证会的参会人员如图 2-5 所示。

包的，由施工总承包单位组织召开专家论证会。专家论证前专项施工方案应当通过施工单位审核和总监理工程师审查。

专家应当从地方人民政府住房和城乡建设主管部门建立的专家库中选取，符合专业要求且人数不得少于5名。与本工程有利害关系的人员不得以专家身份参加专家论证会。

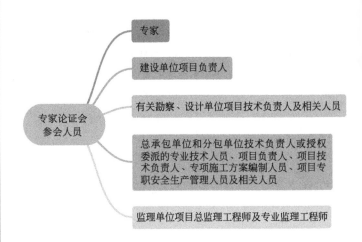

图2-5 专家论证会参会人员

【问题2】专家库专家需要具备哪些条件？

设区的市级以上地方人民政府住房和城乡建设主管部门建立的专家库专家应当具备图2-6所示的基本条件。

图2-6 专家库专家应具备的基本条件

【问题3】专家库如何管理？

设区的市级以上地方人民政府住房和城乡建设主管部门应当加强对专家库专家的管理，定期向社会公布专家业绩，对于专家不认真履行论证职责、工作失职等行为，记入不良信用记录，情节严重的，取消专家资格。图2-7所示为湖南省综合评标专家库网站页面。

图 2-7 湖南省综合评标专家库网站页面

【问题 4】专家论证内容有哪些？

对于超过一定规模的危大工程专项施工方案，专家论证的主要内容如图 2-8 所示。

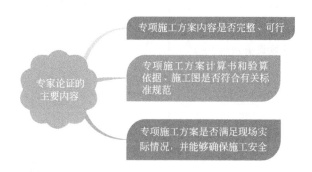

专家论证的主要内容
- 专项施工方案内容是否完整、可行
- 专项施工方案计算书和验算依据、施工图是否符合有关标准规范
- 专项施工方案是否满足现场实际情况，并能够确保施工安全

图 2-8 专家论证的主要内容

【问题 5】施工单位未对超过一定规模的危大工程专项施工方案进行专家论证的后果是什么？

根据《危险性较大的分部分项工程安全管理规定》

第三十四条第一款，施工单位未对超过一定规模的危大工程专项施工方案进行专家论证的，责令限期改正，处1万元以上、3万元以下的罚款，并暂扣安全生产许可证30日；对直接负责的主管人员和其他直接责任人员处1000元以上、5000元以下的罚款。

第十三条 专家论证会后，应当形成论证报告，对专项施工方案提出通过、修改后通过或者不通过的一致意见。专家对论证报告负责并签字确认。

专项施工方案经论证需修改后通过的，施工单位应当根据论证报告修改完善后，重新履行本规定第十一条的程序。

专项施工方案经论证不通过的，施工单位修改后应当按照本规定的要求重新组织专家论证。

【关键词】论证报告、专家论证

【问题1】 危大工程专项方案的专家论证报告具体的样式是什么？

危大工程专项方案的专家论证报告具体的样式和内容可参考本书附录三中的《危险性较大的分部分项工程专家论证报告》（附件5），其实例如图2-9所示。

【问题2】 专项施工方案从编制到实践的流程具体是什么？

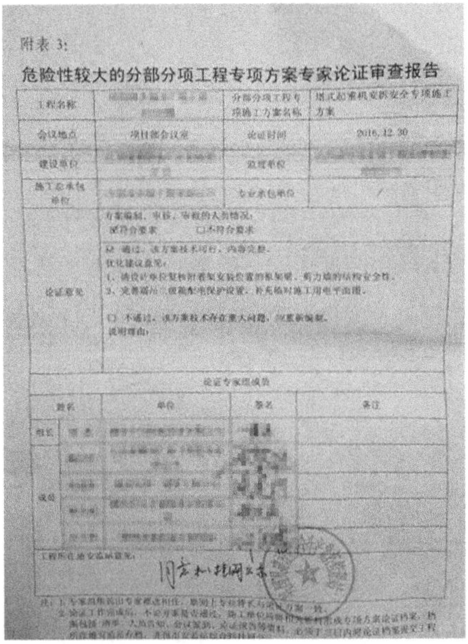

图2-9 危大工程专项方案的专家论证报告

专家论证会后，应当形成论证报告，对专项施工方案提出通过、修改后通过或者不通过的一致意见。专家对论证报告负责并签字确认。超过一定规模的危大工程专项施工方案经专家论证后结论为"通过"的，施工单位可参考专家意见自行修改完善；结论为"修改后通过"的，专家意见要明确具体修改内容，施工单位应当按照专家意见进行修改，并履行有关审核和审查手续后方可实施，修改情况应及时告知专家。

专项施工方案从编制到实践的流程如图 2-10 所示。

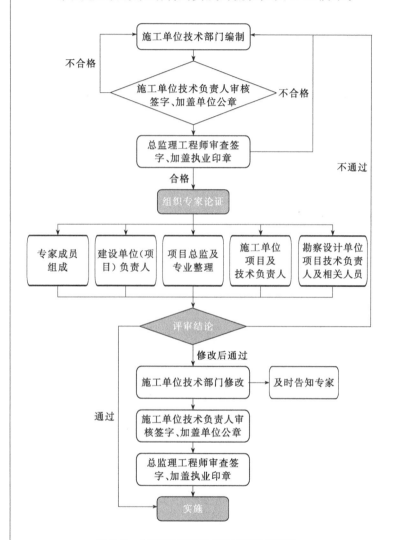

图 2-10 专项施工方案从编制到实践的流程

【问题 3】施工单位未根据专家论证报告对超过一定规模的危大工程专项施工方案进行修改，或者未按照《危险性较大的分部分项工程安全管理规定》重新组织专家论证的后果是什么？

根据《危险性较大的分部分项工程安全管理规定》第三十四条第二款，施工单位未根据专家论证报告对超过一定规模的危大工程专项施工方案进行修改，或者未按照本规定重新组织专家论证的，责令限期改正，处 1 万元以上、3 万元以下的罚款，并暂扣安全生产许可证 30 日；对直接负责的主管人员和其他直接责任人员处 1000 元以上、5000 元以下的罚款。

第三章
现场安全管理

第一节　施工单位现场安全管理

第十四条　施工单位应当在施工现场显著位置公告危大工程名称、施工时间和具体责任人员，并在危险区域设置安全警示标志。

【关键词】施工现场、安全警示标志

【问题1】 施工单位应当在施工现场显著位置公告危大工程名称、施工时间和具体责任人员。具体应该怎样进行？

首先，项目进场时，依据项目危险源辨识及风险评价结果，在施工现场主通道部位设置施工现场重大危险源公示牌（图3-1）。

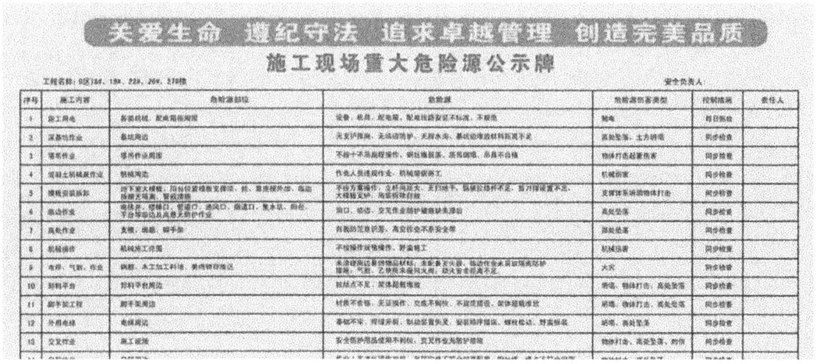

图 3-1　施工现场重大危险源公示牌

其次，在项目施工阶段，项目安全总监（安全负责人）应定期对现场危险源进行再识别，并在施工现场设置的危险源公示牌（图3-2）上及时更新。

最后，施工现场危险性较大分部分项工程实施时，在对应施工区域通道口或醒目位置张挂危险性较大工程安全责任公示牌（图3-3）。

【问题2】 安全警示标志是什么？

安全警示标志牌及其使用部位详见本书附录四。

【问题3】 施工单位未在施工现场显著位置公告危大工程，并在危险区域设置安全警示标志的后果是什么？

危险源公示牌

序号	危险源名称	主要负责人	防 范 要 点

公示时间： 月 日 — 月 日

发布人： 发布时间： 年 月 日

图 3-2 危险源公示牌

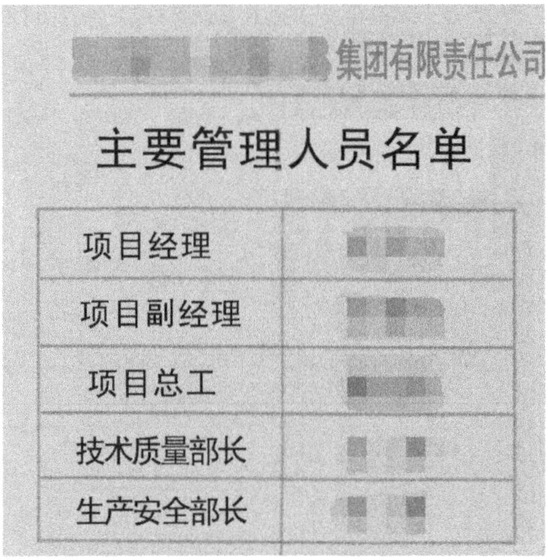

图 3-3 危险性较大工程安全责任公示牌

根据《危险性较大的分部分项工程安全管理规定》第三十三条第二款，施工单位未在施工现场显著位置公告危大工程，并在危险区域设置安全警示标志的，依照《中华人民共和国安全生产法》《建设工程安全生产管理条例》对单位和相关责任人员进行处罚。

【问题 4】施工现场的进出口处如何设置？

根据《建筑施工安全检查标准》（JGJ 59—2011）相关要求，在施工现场的进出口处设置工程概况牌、管理人员名单及监督电话牌、消防保卫牌、安全生产牌、文明施工牌及施工现场总平面图等，即五牌一图（图 3-4）。

图 3-4 五牌一图

第十五条 专项施工方案实施前，编制人员或者项目技术负责人应当向施工现场管理人员进行方案交底。

施工现场管理人员应当向作业人员进行安全技术交底，并由双方和项目专职安全生产管理人员共同签字确认。

【关键词】交底

【问题1】专项施工方案实施前，安全技术交底具体如何进行？

专项施工方案实施前，编制人员或者项目技术负责人应当向施工现场管理人员进行方案交底。施工现场管理人员应向作业人员进行安全技术交底（图3-5），专职安全生产管理人员负责对交底活动进行监督。

图 3-5 施工现场管理人员向作业人员进行安全技术交底

（1）安全技术交底应分级进行，并按工种分部分项交底，逐级交到施工作业班组的全体作业人员，填写安全技术交底表。施工条件（包括外部环境、作业流程、工艺等）发生变化时，应重新进行交底。

（2）安全技术交底必须在工序施工前进行。危险性较大分部分项工程应由项目技术负责人向管理人员、作业人员直接交底。

（3）安全技术交底应及时组织，内容应具有针对性、指导性和可操作性，交底双方应书面签字确认，并各持安全技术交底记录。

【问题2】施工单位未向施工现场管理人员和作业人员进行方案交底和安全技术交底的后果是什么？

根据《危险性较大的分部分项工程安全管理规定》第三十三条第一款，施工单位未向施工现场管理人员和作业人员进行方案交底和安全技术交底的，依照《中华人民共和国安全生产法》《建设工程安全生产管理条例》对单位和相关责任人员进行处罚。

【关键词】专项施工方案

【问题1】围绕专项施工方案，危大工程的管控流程具体是什么？

危大工程的管控流程具体如图3-6所示。

第十六条 施工单位应当严格按照专项施工方案组织施工，不得擅自修改专项施工方案。

因规划调整、设计变更等原因确需调整的，修改后的专项施工方案应当按照本规定重新审核和论证。涉及资金或者工期调整的，建设单位应当按照约定予以调整。

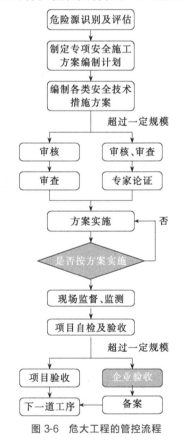

图3-6 危大工程的管控流程

【问题2】施工单位未严格按照专项施工方案组织施工，或者擅自修改专项施工方案的后果是什么？

根据《危险性较大的分部分项工程安全管理规定》第三十四条第三款，施工单位未严格按照专项施工方案组织施工，或者擅自修改专项施工方案的，责令限期改正，处1万元以上、3万元以下的罚款，并暂扣安全生产许可证30日；对直接负责的主管人员和其他直接责任人员处1000元以上、5000元以下的罚款。

【问题3】施工单位严格按照专项施工方案组织施工

起重机械安装拆卸作业安全要点

1. 起重机械安装拆卸作业必须按照规定编制、审核专项施工方案，超过一定规模的要组织专家论证

2. 起重机械安装拆卸单位必须具有相应的资质和安全生产许可证，严禁无资质、超范围从事起重机械安装拆卸作业

3. 起重机械安装拆卸人员、起重机械司机、信号司索工必须取得建筑施工特种作业人员操作资格证书

4. 起重机械安装拆卸作业前，安装拆卸单位应当按照要求办理安装拆卸告知手续

5. 起重机械安装拆卸作业前，应当向现场管理人员和作业人员进行安全技术交底

6. 起重机械安装拆卸作业要严格按照专项施工方案组织实施，相关管理人员必须在现场监督，发现不按照专项施工方案施工的，应当要求立即整改

7. 起重机械的顶升、附着作业必须由具有相应资质的安装单位严格按照专项施工方案实施

8. 遇大风、大雾、大雨、大雪等恶劣天气，严禁起重机械安装、拆卸和顶升作业

9. 塔式起重机顶升前，应将回转下支座与顶升套架可靠连接，并应进行配平。顶升过程中，应确保平衡，不得进行起升、回转、变幅等操作。顶升结束后，应将标准节与回转下支座可靠连接

10. 起重机械加节后需进行附着的，应按照先装附着装置、后顶升加节的顺序进行。附着装置必须符合标准规范要求。拆卸作业时应先降节，后拆除附着装置

11. 辅助起重机械的起重性能必须满足吊装要求，安全装置必须齐全有效，吊索具必须安全可靠，场地必须符合作业要求

12. 起重机械安装完毕及附着作业后，应当按规定进行自检、检验和验收，验收合格后方可投入使用

图 3-7　起重机械安装拆卸作业安全要点

的过程中，起重机械安装拆卸作业、起重机械使用、基坑工程、脚手架、模板支架等五项危险性较大的分部分项工程应注意哪些施工安全要点？

根据《住房和城乡建设部安全生产管理委员会办公室关于印发起重机械、基坑工程等五项危险性较大的分部分项工程施工安全要点的通知》，起重机械安装拆卸作业、起重机械使用、基坑工程、脚手架、模板支架等五项危险性较大的分部分项工程施工安全要点如图 3-7～图 3-11 所示。

起重机械使用安全要点

1. 起重机械使用单位必须建立机械设备管理制度，并配备专职设备管理人员

2. 起重机械安装验收合格后应当办理使用登记，在机械设备活动范围内设置明显的安全警示标志

3. 起重机械司机、信号司索工必须取得建筑施工特种作业人员操作资格证书

4. 起重机械使用前，应当向作业人员进行安全技术交底

5. 起重机械操作人员必须严格遵守起重机械安全操作规程和标准规范要求，严禁违章指挥、违规作业

6. 遇大风、大雾、大雨、大雪等恶劣天气，不得使用起重机械

7. 起重机械应当按规定进行维修、维护和保养，设备管理人员应当按规定对机械设备进行检查，发现隐患及时整改

8. 起重机械的安全装置、连接螺栓必须齐全有效，结构件不得开焊和开裂，连接件不得严重磨损和塑性变形，零部件不得达到报废标准

9. 两台以上塔式起重机在同一现场交叉作业时，应当制定塔式起重机防碰撞措施。任意两台塔式起重机之间的最小架设距离应符合规范要求

10. 塔式起重机使用时，起重臂和吊物下方严禁有人员停留。物件吊运时，严禁从人员上方通过

图 3-8　起重机械使用安全要点

基坑工程施工安全要点

1. 基坑工程必须按照规定编制、审核专项施工方案,超过一定规模的深基坑工程要组织专家论证。基坑支护必须进行专项设计

2. 基坑工程施工企业必须具有相应的资质和安全生产许可证,严禁无资质、超范围从事基坑工程施工

3. 基坑施工前,应当向现场管理人员和作业人员进行安全技术交底

4. 基坑施工要严格按照专项施工方案组织实施,相关管理人员必须在现场进行监督,发现不按照专项施工方案施工的,应当要求立即整改

5. 基坑施工必须采取有效措施,保护基坑主要影响区范围内的建(构)筑物和地下管线安全

6. 基坑周边施工材料、设施或车辆荷载严禁超过设计要求的地面荷载限值

7. 基坑周边应按要求采取临边防护措施,设置作业人员上下专用通道

8. 基坑施工必须采取基坑内外地表水和地下水控制措施,防止出现积水和漏水漏沙。汛期施工,应当对施工现场排水系统进行检查和维护,保证排水畅通

9. 基坑施工必须做到先支护后开挖,严禁超挖,及时回填。采取支撑的支护结构未达到拆除条件时严禁拆除支撑

10. 基坑工程必须按照规定实施施工监测和第三方监测,指定专人对基坑周边进行巡视,出现危险征兆时应当立即报警

图 3-9　基坑工程施工安全要点

脚手架施工安全要点

1. 脚手架工程必须按照规定编制、审核专项施工方案,超过一定规模的要组织专家论证

2. 脚手架搭设、拆除单位必须具有相应的资质和安全生产许可证,严禁无资质从事脚手架搭设、拆除作业

3. 脚手架搭设、拆除人员必须取得建筑施工特种作业人员操作资格证书

4. 脚手架搭设、拆除前,应当向现场管理人员和作业人员进行安全技术交底

5. 脚手架材料进场使用前,必须按规定进行验收,未经验收或验收不合格的严禁使用

6. 脚手架搭设、拆除要严格按照专项施工方案组织实施,相关管理人员必须在现场进行监督,发现不按照专项施工方案施工的,应当要求立即整改

7. 脚手架外侧以及悬挑式脚手架、附着升降脚手架底层应当封闭严密

8. 脚手架必须按专项施工方案设置剪刀撑和连墙件。落地式脚手架搭设场地必须平整坚实。严禁在脚手架上超载堆放材料,严禁将模板支架、缆风绳、泵送混凝土和砂浆的输送管等固定在架体上

9. 脚手架搭设必须分阶段组织验收,验收合格的,方可投入使用

10. 脚手架拆除必须由上而下逐层进行,严禁上下同时作业。连墙件应当随脚手架逐层拆除,严禁先将连墙件整层或数层拆除后再拆脚手架

图 3-10　脚手架施工安全要点

模板支架施工安全要点	1. 模板支架工程必须按照规定编制、审核专项施工方案,超过一定规模的要组织专家论证
	2. 模板支架搭设、拆除单位必须具有相应的资质和安全生产许可证,严禁无资质从事模板支架搭设、拆除作业
	3. 模板支架搭设、拆除人员必须取得建筑施工特种作业人员操作资格证书
	4. 模板支架搭设、拆除前,应当向现场管理人员和作业人员进行安全技术交底
	5. 模板支架材料进场验收前,必须按规定进行验收,未经验收或验收不合格的严禁使用
	6. 模板支架搭设、拆除要严格按照专项施工方案组织实施,相关管理人员必须在现场进行监督,发现不按照专项施工方案施工的,应当要求立即整改
	7. 模板支架搭设场地必须平整坚实。必须按专项施工方案设置纵横向水平杆、扫地杆和剪刀撑;立杆顶部自由端高度、顶托螺杆伸出长度严禁超出专项施工方案要求
	8. 模板支架搭设完毕应当组织验收,验收合格的,方可铺设模板
	9. 混凝土浇筑时,必须按照专项施工方案规定的顺序进行,应当指定专人对模板支架进行监测,发现架体存在坍塌风险时应当立即组织作业人员撤离现场
	10. 混凝土强度必须达到规范要求,并经监理单位确认后方可拆除模板支架。模板支架拆除应从上而下逐层进行

图 3-11　模板支架施工安全要点

【问题 4】施工单位施工时,安全生产现场控制的要点有哪些?

施工单位施工时,安全生产现场控制的要点如图 3-12～图 3-18 所示。

1. 基坑工程安全生产现场控制要点 (图 3-12)

基坑工程
1. 基坑支护及开挖符合规范、设计及专项施工方案的要求
2. 基坑施工时对主要影响区范围内的建(构)筑物和地下管线保护措施符合规范及专项施工方案的要求
3. 基坑周围地面排水措施符合规范及专项施工方案的要求
4. 基坑地下水控制措施符合规范及专项施工方案的要求
5. 基坑周边荷载符合规范及专项施工方案的要求
6. 基坑监测项目、监测方法、测点布置、监测频率、监测报警及日常检查符合规范、设计及专项施工方案的要求
7. 基坑内作业人员上下专用梯道符合规范及专项施工方案的要求
8. 基坑坡顶地面无明显裂缝,基坑周边建筑物无明显变形

图 3-12　基坑工程安全生产现场控制要点

2. 脚手架工程安全生产现场控制要点（图 3-13）

脚手架工程

1. 一般规定

（1）作业脚手架底部立杆上设置的纵向、横向扫地杆符合规范及专项施工方案要求

（2）连墙件的设置符合规范及专项施工方案要求

（3）步距、跨距搭设符合规范及专项施工方案要求

（4）剪刀撑的设置符合规范及专项施工方案要求

（5）架体基础符合规范及专项施工方案要求

（6）架体材料和构配件符合规范及专项施工方案要求，扣件按规定进行抽样复试

（7）脚手架上严禁集中荷载

（8）架体的封闭符合规范及专项施工方案要求

（9）脚手架上脚手板的设置符合规范及专项施工方案要求

2. 附着式升降脚手架

（1）附着支座设置应符合规范及专项施工方案要求

（2）防坠落、防倾覆安全装置符合规范及专项施工方案要求

（3）同步升降控制装置符合规范及专项施工方案要求

（4）构造尺寸符合规范及专项施工方案要求

3. 悬挑式脚手架

（1）型钢锚固段长度及锚固型钢的主体结构混凝土强度符合规范及专项施工方案要求

（2）悬挑钢梁卸荷钢丝绳设置方式符合规范及专项施工方案要求

（3）悬挑钢梁的固定方式符合规范及专项施工方案要求

（4）底层封闭符合规范及专项施工方案要求

（5）悬挑钢梁端立杆定位点符合规范及专项施工方案要求

4. 高处作业吊篮

（1）各限位装置齐全有效

（2）安全锁必须在有效的标定期限内

（3）吊篮内作业人员不应超过 2 人

（4）安全绳的设置和使用符合规范及专项施工方案要求

（5）吊篮悬挂机构前支架设置符合规范及专项施工方案要求

（6）吊篮配重件重量和数量符合说明书及专项施工方案要求

5. 操作平台

（1）移动式操作平台的设置应符合规范及专项施工方案要求

（2）落地式操作平台的设置应符合规范及专项施工方案要求

（3）悬挑式操作平台的设置应符合规范及专项施工方案要求

图 3-13　脚手架工程安全生产现场控制要点

3. 起重机械安全生产现场控制要点（图 3-14）

起重机械

1. 一般规定
- (1) 起重机械的备案、租赁符合要求
- (2) 起重机械安装、拆卸符合要求
- (3) 起重机械验收符合要求
- (4) 按规定办理使用登记
- (5) 起重机械的基础、附着符合使用说明书及专项施工方案要求
- (6) 起重机械的安全装置灵敏、可靠；主要承载结构件完好；结构件的连接螺栓、销轴有效；机构、零部件、电气设备线路和元件符合相关要求
- (7) 起重机械与架空线路安全距离符合规范要求
- (8) 按规定在起重机械安装、拆卸、顶升和使用前向相关作业人员进行安全技术交底
- (9) 定期检查和维护保养符合相关要求

2. 塔式起重机
- (1) 作业环境符合规范要求。多塔交叉作业防碰撞安全措施符合规范及专项方案要求
- (2) 塔式起重机的起重力矩限制器、起重量限制器、行程限位装置等安全装置符合规范要求
- (3) 吊索具的使用及吊装方法符合规范要求
- (4) 按规定在顶升（降节）作业前对相关机构、结构进行专项安全检查

3. 施工升降机
- (1) 防坠安全装置在标定期限内，安装符合规范要求
- (2) 按规定制定各种载荷情况下齿条和驱动齿轮、安全齿轮的正确啮合保证措施
- (3) 附墙架的使用和安装符合使用说明书及专项施工方案要求
- (4) 层门的设置符合规范要求

4. 物料提升机
- (1) 安全停层装置齐全、有效
- (2) 钢丝绳的规格、使用符合规范要求
- (3) 附墙符合要求。缆风绳、地锚的设置符合规范及专项施工方案要求

图 3-14 起重机械安全生产现场控制要点

4. 模板支撑体系安全生产现场控制要点（图 3-15）

模板支撑体系

1. 按规定对搭设模板支撑体系的材料、构配件进行现场检验，扣件抽样复试

2. 模板支撑体系的搭设和使用符合规范及专项施工方案要求

3. 混凝土浇筑时，必须按照专项施工方案规定的顺序进行，并指定专人对模板支撑体系进行监测

4. 模板支撑体系的拆除符合规范及专项施工方案要求

图 3-15 模板支撑体系安全生产现场控制要点

5. 临时用电安全生产现场控制要点（图3-16）

临时用电

1. 按规定编制临时用电施工组织设计，并履行审核、验收手续
2. 施工现场临时用电管理符合相关要求
3. 施工现场配电系统符合规范要求
4. 配电设备、线路防护设施设置符合规范要求
5. 漏电保护器参数符合规范要求

图 3-16　临时用电安全生产现场控制要点

6. 安全防护安全生产现场控制要点（图3-17）

安全防护

1. 洞口防护符合规范要求
2. 临边防护符合规范要求
3. 有限空间防护符合规范要求
4. 大模板作业防护符合规范要求
5. 人工挖孔桩作业防护符合规范要求

图 3-17　安全防护安全生产现场控制要点

7. 其他安全生产现场控制要点（图3-18）

其他

1. 建筑幕墙安装作业符合规范及专项施工方案的要求
2. 钢结构、网架和索膜结构安装作业符合规范及专项施工方案的要求
3. 装配式建筑预制混凝土构件安装作业符合规范及专项施工方案的要求

图 3-18　其他安全生产现场控制要点

第十七条　施工单位应当对危大工程施工作业人员进行登记，项目负责人应当在施工现场履职。

项目专职安全生产管理人员应当对专项施工方案实施情况进行现场监督，对未按照专项施工方案施工的，应当要求立即整改，并及时报告项目负责人，项目负责人应当及时组织限期整改。

【关键词】 登记、施工现场履职、现场监督、施工监测、安全巡视

【图解】 施工单位应当对危大工程施工作业人员进行登记，项目负责人应当在施工现场履职（图3-19）。

图 3-19　项目负责人在施工现场履职

施工单位应当按照规定对危大工程进行施工监测和安全巡视，发现危及人身安全的紧急情况，应当立即组织作业人员撤离危险区域。

【问题1】施工单位项目负责人未按照《危险性较大的分部分项工程安全管理规定》现场履职或者组织限期整改的后果是什么？

根据《危险性较大的分部分项工程安全管理规定》第三十五条第一款，施工单位项目负责人未按照本规定现场履职或者组织限期整改的，责令限期改正，并处1万元以上、3万元以下的罚款；对直接负责的主管人员和其他直接责任人员处1000元以上、5000元以下的罚款。

项目专职安全生产管理人员应当对专项施工方案实施情况进行现场监督，对未按照专项施工方案施工的，应当要求立即整改，并及时报告项目负责人，项目负责人应当及时组织限期整改。

【问题2】项目专职安全生产管理人员未对专项施工方案实施情况进行现场监督的后果是什么？

根据《危险性较大的分部分项工程安全管理规定》第三十三条第三款，项目专职安全生产管理人员未对专项施工方案实施情况进行现场监督的，依照《中华人民共和国安全生产法》《建设工程安全生产管理条例》对单位和相关责任人员进行处罚。

施工单位应当按照规定对危大工程进行施工监测（图3-20）和安全巡视，发现危及人身安全的紧急情况，应当立即组织作业人员撤离危险区域。

图3-20　施工监测

【问题 3】施工单位未按照《危险性较大的分部分项工程安全管理规定》进行施工监测和安全巡视的后果是什么？

根据《危险性较大的分部分项工程安全管理规定》第三十五第二款，施工单位未按照本规定进行施工监测和安全巡视的，责令限期改正，并处 1 万元以上、3 万元以下的罚款；对直接负责的主管人员和其他直接责任人员处 1000 元以上、5000 元以下的罚款。

第二节　监理单位现场安全管理

第十八条　监理单位应当结合危大工程专项施工方案编制监理实施细则，并对危大工程施工实施专项巡视检查。

【关键词】监理实施细则、专项巡视检查

【问题 1】监理单位对危大工程施工实施专项巡视检查的工作内容具体包括哪些？

根据《建设工程监理规范》，项目监理机构应巡视检查（图 3-21）危险性较大的分部分项工程专项施工方案实施情况。发现未按专项施工方案实施时，应签发监理通知单，要求施工单位按专项施工方案实施。

图 3-21　监理单位巡视检查

项目监理机构在实施监理过程中，发现工程存在安全事故隐患时，应签发监理通知单，要求施工单位整改；情况严重时，应签发工程暂停令，并应及时报告建设单位。施工单位拒不整改或不停止施工时，项目监理机构应及时向有关主管部门报送监理报告。监理通知单和工程暂停令的形式分别见图 3-22 和图 3-23。

监理通知单

工程名称：　　　　　　　　　　　　　　　　　　　　　　　　　　　编号：

致：_____ (施工项目经理部)

事由：_____

_____

_____

内容：_____

_____

_____

_____

项目监理机构(盖章)

总/专业监理工程师(签字)

年　　月　　日

注：本表一式三份，项目监理机构、建设单位、施工单位各一份。

图 3-22　监理通知单

【问题 2】监理单位未按照《危险性较大的分部分项工程安全管理规定》编制监理实施细则的后果是什么？

根据《危险性较大的分部分项工程安全管理规定》第三十七条第一款，监理单位未按照本规定编制监理实施细则的，责令限期改正，并处 1 万元以上、3 万元以下的罚款；对直接负责的主管人员和其他直接责任人员处 1000 元以上、5000 元以下的罚款。

【问题 3】监理单位未对危大工程施工实施专项巡视检查的后果是什么？

工程暂停令

工程名称：　　　　　　　　　　　　　　　　　　　　　编号：

```
致：_____(施工项目经理部)
    由于_____
_____原因，现通知你方于
_____年____月___日___时起，暂停 _____部位(工序)施工，并按下述要求
做好后续工作。
    要求，




















                            项目监理机构(盖章)
                            总监理工程师(签字、加盖执业印章)
                                        年    月    日
```

注：本表一式三份，项目监理机构、建设单位、施工单位各一份。

图 3-23　工程暂停令

根据《危险性较大的分部分项工程安全管理规定》第三十七条第二款，监理单位未对危大工程施工实施专项巡视检查的，责令限期改正，并处 1 万元以上、3 万元以下的罚款；对直接负责的主管人员和其他直接责任人员处 1000 元以上、5000 元以下的罚款。

第十九条 监理单位发现施工单位未按照专项施工方案施工的,应当要求其进行整改;情节严重的,应当要求其暂停施工,并及时报告建设单位。施工单位拒不整改或者不停止施工的,监理单位应当及时报告建设单位和工程所在地住房城乡建设主管部门。

【关键词】整改、暂停施工

【问题1】监理单位发现施工单位未按照专项施工方案实施,未要求其整改或者停工的后果是什么?

根据《危险性较大的分部分项工程安全管理规定》第三十六条第二款,监理单位发现施工单位未按照专项施工方案实施,未要求其整改或者停工的,依照《中华人民共和国安全生产法》《建设工程安全生产管理条例》对单位进行处罚;对直接负责的主管人员和其他直接责任人员处1000元以上、5000元以下的罚款。

【问题2】施工单位拒不整改或者不停止施工时,监理单位未向建设单位和工程所在地住房和城乡建设主管部门报告的后果是什么?

根据《危险性较大的分部分项工程安全管理规定》第三十六条第三款,施工单位拒不整改或者不停止施工时,监理单位未向建设单位和工程所在地住房和城乡建设主管部门报告的,依照《中华人民共和国安全生产法》《建设工程安全生产管理条例》对单位进行处罚;对直接负责的主管人员和其他直接责任人员处1000元以上、5000元以下的罚款。

第三节 监测单位现场安全管理

第二十条 对于按照规定需要进行第三方监测的危大工程,建设单位应当委托具有相应勘察资质的单位进行监测。

监测单位应当编制监测方案。监测方案由监测单位技术负责人审核签字并加盖单位公章,报送监理单位后方可实施。

监测单位应当按照监测方案开展监测,及时向建设单位报送监测成果,并对监测成果负责;发现异常时,及时

【关键词】第三方监测、资质

【图解1】对于按照规定需要进行第三方监测的危大工程,建设单位应当委托具有相应勘察资质(图3-24)的单位进行监测。

图3-24 勘察单位应具有勘察资质

向建设、设计、施工、监理单位报告，建设单位应当立即组织相关单位采取处置措施。

【问题1】建设单位未按照《危险性较大的分部分项工程安全管理规定》委托具有相应勘察资质的单位进行第三方监测的后果是什么？

根据《危险性较大的分部分项工程安全管理规定》第二十六条，建设单位未按照本规定委托具有相应勘察资质的单位进行第三方监测的，责令限期改正，并处1万元以上、3万元以下的罚款；对直接负责的主管人员和其他直接责任人员处1000元以上、5000元以下的罚款。

【问题2】监测单位未取得相应勘察资质从事第三方监测的后果是什么？

根据《危险性较大的分部分项工程安全管理规定》第三十八条第一款，监测单位未取得相应勘察资质从事第三方监测的，责令限期改正，并处1万元以上、3万元以下的罚款；对直接负责的主管人员和其他直接责任人员处1000元以上、5000元以下的罚款。

【图解2】监测单位应当编制监测方案（图3-25）。监测方案由监测单位技术负责人审核签字并加盖单位公章，报送监理单位后方可实施。

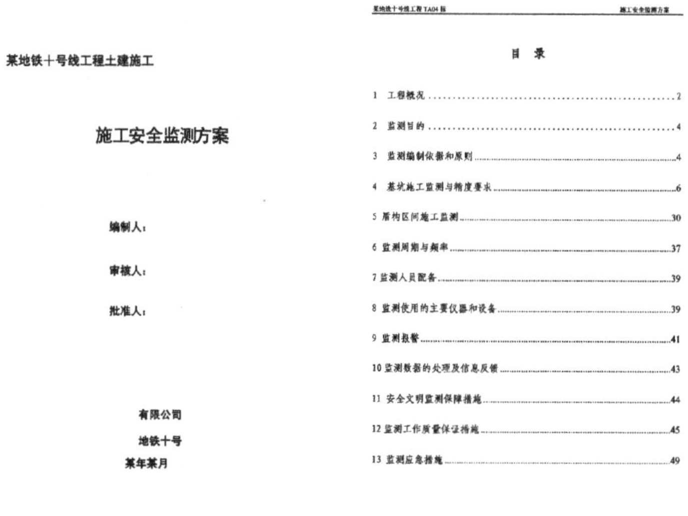

图3-25　监测方案

【问题3】监测单位未按照《危险性较大的分部分项工程安全管理规定》编制监测方案的后果是什么？

根据《危险性较大的分部分项工程安全管理规定》第三十八条第二款，监测单位未按照本规定编制监测方案的，责令限期改正，并处1万元以上、3万元以下的罚款；对直接负责的主管人员和其他直接责任人员处1000元以上、5000元以下的罚款。

【图解3】监测单位应当按照监测方案开展监测（图3-26），及时向建设单位报送监测成果，并对监测成果负责；发现异常时，及时向建设、设计、施工、监理单位报告，建设单位应当立即组织相关单位采取处置措施。

图3-26　监测单位按照监测方案开展监测

【问题4】监测单位未按照监测方案开展监测或者发现异常未及时报告的后果是什么？

根据《危险性较大的分部分项工程安全管理规定》第三十八条第三款和第四款，监测单位未按照监测方案开展监测或者发现异常未及时报告的，责令限期改正，并处1万元以上、3万元以下的罚款；对直接负责的主管人员和其他直接责任人员处1000元以上、5000元以下的罚款。

【问题5】建设单位未对第三方监测单位报告的异常情况组织采取处置措施的后果是什么？

根据《危险性较大的分部分项工程安全管理规定》第二十六条，建设单位未对第三方监测单位报告的异常情况组织采取处置措施的，责令限期改正，并处1万元以上、3万元以下的罚款；对直接负责的主管人员和其他直接责任人员处 1000 元以上、5000 元以下的罚款。

【问题 6】危大工程监测流程是什么？危大工程监测流程如图 3-27 所示。

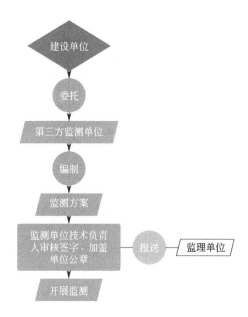

图 3-27　危大工程监测流程

【问题 7】危险源监测有哪些需要注意的要点？
危险源监测的过程中需要注意的要点如下。

1. 深基坑与高边坡

（1）应对深基坑、高边坡进行监测，施工单位、第三方监测单位的监测数据及时提交到相关监管平台，发挥监测数据的预警作用。

（2）深基坑、高边坡监测指标包括围护结构位移、支撑体系位移、周边地表位移、周边建筑物位移、岩土体深部位移、影响区域地下水位变化等。

（3）采用 INSAR（合成孔径雷达干涉）等技术对深基坑、高边坡安全状态进行较大范围的监测。

（4）采用自动化远程实时监测系统，如自动监测机器人等，对深基坑、高边坡进行高频次实时监测预警，如图 3-28 所示。

2. 高大模板支撑体系（图 3-29）

(a) 深基坑　　　　　　　　(b) 高边坡　　　　　　(c) 测量仪器

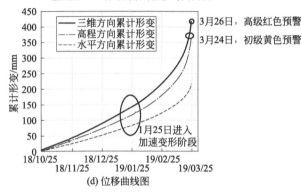

GNSS监测点HF08各方向累计位移时间曲线

(d) 位移曲线图

图 3-28　深基坑、高边坡位移自动监测

图 3-29　高大模板支撑体系

（1）按要求对超过一定规模的高大模板支撑体系进行监测。

（2）监测前预警指标应包括整体位移、模板与支架结构应力与变形。

（3）采用自动化远程实时监测系统开展高大模板支撑体系的安全状态监测预警工作，实施预压阶段和混凝土浇注过程中的安全监测，监测数据应上传至监管平台。

3. 盾构施工监测

（1）建立盾构远程监控系统，满足各管理层在同一界面对各盾构工点施工安全可视可控的功能，如图 3-30 所示。

（2）平台应具有以下功能（包含但不限于）。

① 工作面监测：施工线路实时动态更新，实时监测盾构机的工作状态和位置。

② 实时监控：实时监测盾构施工参数，获取盾构机实时姿态数据，掌握盾构机最新状态。

③ 风险评估及预警：平台应给风险评估人员提供单独的页面，由参建单位评估人员根据每天的盾构机掘进参数信息和监测数据，对每天的施工状况进行安全评估。

④ 监测数据管理：施工单位、第三方监测单位的监测数据应及时上传到相关监管平台，并对数据进行永久保存，监测数据应与 GIS 数据集成。

⑤ 视频监控：主要包含盾构机内拼装工作区、螺旋出土口、台车尾部出土、浆箱等处和车站摄像头视频观看和回溯。

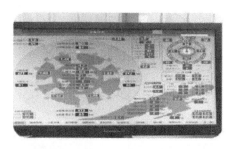

图 3-30　盾构施工监测系统

4. 城市轨道交通施工周边环境监测

（1）应对城市轨道交通施工中线沿线两侧各 200m 范围内的周边环境进行监测，对周边环境风险源实现动态风险评估与监测预警管理。

（2）施工单位、第三方监测单位的监测数据及时上传到相关监管平台，发挥监测数据的预警作用。

（3）监测预警指标包括周边地表位移、周边建筑物位移、地表下岩土体扰动脱空、地下水位变化等。

（4）采用 INSAR 监测系统开展城市轨道交通施工沿线周边环境监测预警工作。

环境监测系统如图 3-31 所示。

图 3-31　环境监测系统

第四章
验收和应急抢险

第一节　危大工程验收

第二十一条　对于按照规定需要验收的危大工程，施工单位、监理单位应当组织相关人员进行验收。验收合格的，经施工单位项目技术负责人及总监理工程师签字确认后，方可进入下一道工序。

危大工程验收合格后，施工单位应当在施工现场明显位置设置验收标识牌，公示验收时间及责任人员。

【关键词】验收

【图解1】对于按照规定需要验收的危大工程，施工单位、监理单位应当组织相关人员进行验收（图4-1）。验收合格的，经施工单位项目技术负责人及总监理工程师签字确认后，方可进入下一道工序。

图4-1　危大工程验收

【问题1】危大工程验收人员有哪些？

危大工程验收人员如图4-2所示。

【问题2】施工单位未按照《危险性较大的分部分项工程安全管理规定》组织危大工程验收的后果是什么？

根据《危险性较大的分部分项工程安全管理规定》第三十五条第三款，施工单位未按照本规定组织危大工程验收的，责令限期改正，并处1万元以上、3万元以下的罚款；对直接负责的主管人员和其他直接责任人员处1000元以上、5000元以下的罚款。

【问题3】监理单位未按照《危险性较大的分部分项工程安全管理规定》参与组织危大工程验收的后果是什么？

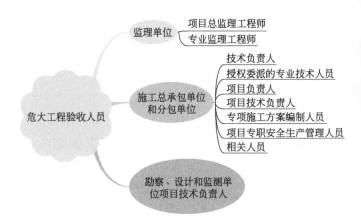

图 4-2　危大工程验收人员

根据《危险性较大的分部分项工程安全管理规定》第三十七条第三款，监理单位未按照本规定参与组织危大工程验收的，责令限期改正，并处 1 万元以上、3 万元以下的罚款；对直接负责的主管人员和其他直接责任人员处 1000 元以上、5000 元以下的罚款。

【图解 2】危大工程验收合格后，施工单位应当在施工现场明显位置设置验收标识牌（图 4-3），公示验收时间及责任人员。

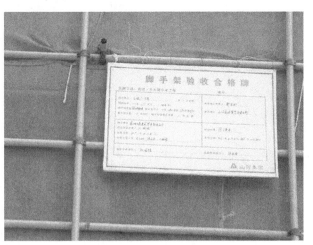

图 4-3　验收标识牌

第二节　危大工程应急抢险

第二十二条　危大工程发生险情或者事故时，施工单位应当立即采取应急处置措施，并报告工程所在地住房城乡建设主管部门。建设、勘察、设计、监理等单位应当配合施工单位开展应急抢险工作。

【关键词】应急处置措施

【图解1】危大工程发生险情或者事故时，施工单位应当立即采取应急处置措施，并报告工程所在地住房和城乡建设主管部门。建设、勘察、设计、监理等单位应当配合施工单位开展应急抢险工作（图4-4）。

图4-4　工程应急抢险

【问题1】为预防危大工程发生险情或者事故，施工单位应做哪些工作？

为预防危大工程发生险情或者事故，施工单位应做以下工作。

1. 编制应急预案

项目部成立编制工作小组，编制生产安全事故应急预案，经项目经理审批后实施。应分别编制综合应急预案、专项应急预案和现场处置方案，应急预案的编制应符合《生产安全事故应急预案管理办法》（应急管理部号令）要求。

应急预案应明确以下内容。

（1）明确应急响应级别，明确各级应急预案启动的条件。

（2）明确不同层级、不同岗位人员的应急处置职责、应急处置方案和注意事项。

（3）现场处置方案应编制岗位应急处置卡，明确紧急状态下岗位人员"做什么""怎么做"和"谁来做"。

2. 应急准备

项目应组建应急救援小组，配备专职或兼职应急管理人员，设立应急救援物资储备库，备齐必需的应急救援物资、器材。

项目应编制应急救援信息台账，包含应急管理人员姓名、救援医院和派出所名称及联系方式，在施工现场设置公示牌。

3. 应急演练（图4-5）

（1）项目安全部编制应急演练计划，组织项目所有部门及分包负责人，作业班、组长及安全员参与演练活动。

（2）应急演练结束后，应对演练情况进行分析、评估，找出存在的问题，提出相应的改进建议，修改完善应急预案。

（3）应建立预案演练档案，档案至少包含演练内容、存在问题和整改完成情况。

图4-5 应急演练

4. 应急响应（图4-6）

（1）事故发生后，现场人员要第一时间报告项目负责人。

（2）项目负责人接到报告后，立即启动应急预案，组织现场自救，排除险情，设置警戒，保护事故现场，因抢救人员、防止事故扩大以及疏通交通等原因需要移动事故现场物件的，做出标志，绘制现场简图并做出书面记录。

（3）项目负责人应立即报告到上级单位负责人和安全部门、政府主管部门。

图 4-6　应急响应

【问题 2】项目应急预案实施流程是什么？

项目应急预案实施流程如图 4-7 所示。

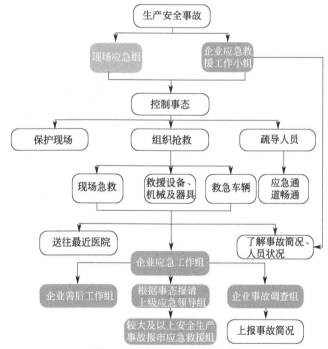

图 4-7　项目应急预案实施流程

【问题 3】面对特殊自然条件，施工单位应做好哪些应对措施？

特殊自然条件包括台风、潮汐等多种条件，考虑到这些特殊自然条件的影响，施工单位在进行危大工程施工时，必须做好应对措施以促进工程顺利竣工，减少人员伤亡和经济损失。下面以脚手架工程和起重机为例说明这个问题。

1. 脚手架工程

（1）恶劣天气到来前，应加密连墙杆（如两步两跨），逐一检查，确保完好。拆除外脚手架上的安全网，减少风荷载对外架结构安全的影响。

（2）对于落地架或悬挑架，提前拆除高于主体结构的部分架体；对于附着式升降脚手架，可将整体提升架下降一层，并做好与结构加固的措施，防止架体上翻。

（3）清理架体上的杂物，将脚手板与架体进行紧固，沿海地区建议使用钢筋网片脚手板。

（4）做好架体基础排水工作，防止因积水浸泡产生架体不均匀沉降。

脚手架防台风应对措施如图 4-8 所示。

图 4-8　脚手架防台风应对措施

2. 起重机

（1）恶劣天气到来前，检查起重机地脚螺栓、标准节螺栓的紧固情况，不足时立即进行加固整改。

（2）检查起重机附墙螺栓是否紧固，起重机是否采用四根附着支撑杆形式附着。

（3）清理和拆除起重机上所有标语、横幅、备用螺栓等易坠落物体。

（4）采用降低起重机自由端高度的防台风措施，也可采用安装缆绳等措施。

（5）了解行走式塔机夹轨器允许的最大允许风力等级。若使用地锚抗风防滑，应按说明书的方法执行。

（6）应切断塔机供电电源线路。将电缆两端分别和驾驶室、塔身底部配电箱分离。

（7）在台风到来前，塔机平衡臂覆盖范围的学校、幼儿园以及医院、车站、客运码头、商场、体育场馆等公众聚集场所，应实行告知制度，让相关人员知晓台风期间可能存在的风险和躲避方法。

（8）有台风的地区，不能使用装配式基础。

（9）应将变幅小车收回到最小幅度处、吊钩收回到最高位置处。

图 4-9 起重机防台风应对措施

（10）平衡臂上的电阻箱、电气柜等应固定牢靠，露天的电控箱、电机等电器设备及液压泵应采取防雨措施。

（11）必须保证臂架能在非工作状态下自由随风转动，严禁锁死回转机构、锁住臂架，对常闭式回转制动器，必须检查是否有效打开。

起重机防台风应对措施如图4-9所示。

【问题4】发生险情或者事故时，施工单位未采取应急处置措施的后果是什么？

根据《危险性较大的分部分项工程安全管理规定》第三十五条第四款，发生险情或者事故时，施工单位未采取应急处置措施的，责令限期改正，并处1万元以上、3万元以下的罚款；对直接负责的主管人员和其他直接责任人员处1000元以上、5000元以下的罚款。

第二十三条 危大工程应急抢险结束后，建设单位应当组织勘察、设计、施工、监理等单位制定工程恢复方案，并对应急抢险工作进行后评估。

【关键词】工程恢复方案、后评估

【图解2】危大工程应急抢险结束后，建设单位应当组织勘察、设计、施工、监理等单位制定工程恢复方案，并对应急抢险工作进行后评估（图4-10）。

图4-10　对应急抢险工作进行后评估

第五章
档案管理和监督管理

第一节　档案管理

第二十四条　施工、监理单位应当建立危大工程安全管理档案。

施工单位应当将专项施工方案及审核、专家论证、交底、现场检查、验收及整改等相关资料纳入档案管理。

监理单位应当将监理实施细则、专项施工方案审查、专项巡视检查、验收及整改等相关资料纳入档案管理。

【关键词】危大工程安全管理档案

【问题 1】危大工程安全管理档案的材料组成有哪些？

危大工程安全管理档案的材料组成如图 5-1 所示。

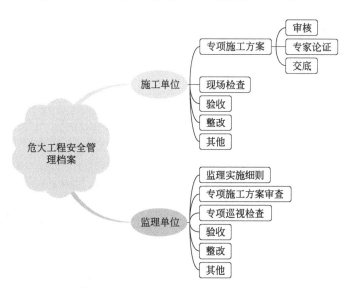

图 5-1　危大工程安全管理档案的材料组成

【问题 2】危大工程的安全管理资料都有哪些？

危大工程的安全管理资料如图 5-2 所示。

【问题 3】施工单位未按照《危险性较大的分部分项工程安全管理规定》建立危大工程安全管理档案的后果是什么？

根据《危险性较大的分部分项工程安全管理规定》第三十五条第五款，施工单位未按照本规定建立危大工程安全管理档案的，责令限期改正，并处 1 万元以上、3

万元以下的罚款；对直接负责的主管人员和其他直接责任人员处 1000 元以上、5000 元以下的罚款。

安全管理资料	危险性较大的分部分项工程资料	1.危险性较大的分部分项工程清单及相应的安全管理措施
		2.危险性较大的分部分项工程专项施工方案及审批手续
		3.危险性较大的分部分项工程专项施工方案变更手续
		4.专家论证相关资料
		5.危险性较大的分部分项工程方案交底及安全技术交底
		6.危险性较大的分部分项工程施工作业人员登记记录，项目负责人现场履职记录
		7.危险性较大的分部分项工程现场监督记录
		8.危险性较大的分部分项工程施工监测和安全巡视记录
		9.危险性较大的分部分项工程验收记录
	基坑工程资料	1.相关的安全保护措施
		2.监测方案及审核手续
		3.第三方监测数据及相关的对比分析报告
		4.日常检查及整改记录
	脚手架工程资料	1.架体配件进场验收记录、合格证及扣件抽样复试报告
		2.日常检查及整改记录
	起重机械资料	1.起重机械特种设备制造许可证、产品合格证、备案证明、租赁合同及安装使用说明书
		2.起重机械安装单位资质及安全生产许可证、安装与拆卸合同及安全管理协议书、生产安全事故应急救援预案、安装告知、安装与拆卸过程作业人员资格证书及安全技术交底
		3.起重机械基础验收资料安装（包括附着顶升）后安装单位自检合格证明、检测报告及验收记录
		4.使用过程作业人员资格证书及安全技术交底、使用登记标志、生产安全事故应急救援预案、多塔作业防碰撞措施、日常检查（包括吊索具）与整改记录、维护和保养记录、交接班记录
	模板支撑体系资料	1.架体配件进场验收记录、合格证及扣件抽样复试报告
		2.拆除申请及批准手续
		3.日常检查及整改记录
	临时用电资料	1.临时用电施工组织设计及审核、验收手续
		2.电工特种作业操作资格证书
		3.总包单位与分包单位的临时用电管理协议
		4.临时用电安全技术交底资料
		5.配电设备、设施合格证书
		6.接地电阻、绝缘电阻测试记录
		7.日常安全检查、整改记录
	安全防护资料	1.安全帽、安全带、安全网等安全防护用品的产品质量合格证
		2.有限空间作业审批手续
		3.日常安全检查、整改记录

图 5-2　危大工程的安全管理资料

【问题 4】监理单位未按照《危险性较大的分部分项工程安全管理规定》建立危大工程安全管理档案的后果是什么？

根据《危险性较大的分部分项工程安全管理规定》第三十七条第四款，监理单位未按照本规定建立危大工程安全管理档案的，责令限期改正，并处1万元以上、3万元以下的罚款；对直接负责的主管人员和其他直接责任人员处1000元以上、5000元以下的罚款。

第二节　监督管理

第二十五条　设区的市级以上地方人民政府住房城乡建设主管部门应当建立专家库，制定专家库管理制度，建立专家诚信档案，并向社会公布，接受社会监督。

【关键词】专家库

【图解】设区的市级以上地方人民政府住房城乡建设主管部门应当建立专家库，制定专家库管理制度，建立专家诚信档案，并向社会公布，接受社会监督。图5-3所示为北京市危险性较大的分部分项工程专家库网站页面。

图5-3　北京市危险性较大的分部分项工程专家库网站页面

【问题】什么是专家库管理制度？

以评标专家库管理制度为例，2017年8月底，北京市住房和城乡建设委员会联合市发展和改革委员会、市人力社保局共同发布《关于进一步加强我市建设工程评标专家管理的通知》，重点加强评标专家四个方面的管理：

一是加强评标专家入库管理。评标专家候选人申请入库年龄不得超过 65 周岁，专家候选人推荐单位应当对推荐人承担管理责任，申报材料弄虚作假等情形将纳入个人诚信体系管理。二是完善评标专家库功能，建立建设工程应急评标专家抽取机制。不仅解决因评标专家缺席、回避导致评标活动无法按期开展的情形，同时实现重要工程当天抽取评标专家当天评标，有效避免评标专家的信息泄露。三是建立评标专家信用管理制度，对评标专家日常违规、违纪行为进行实名公示，并记入个人诚信档案，实现违规评标专家一处失信处处受限。四是加强评标专家队伍建设，全面推行电子化招标投标，加强评标专家业务培训，并建立评标专家综合评标能力考核长效机制。评标专家管理是招标投标管理工作的重点，它直接关系到建筑市场的竞争秩序，对政府营造公平、公正市场环境的意义重大。

【关键词】抽查

【图解1】县级以上地方人民政府住房和城乡建设主管部门或者所属施工安全监督机构，应当根据监督工作计划对危大工程进行随机抽查（图5-4）。

第二十六条　县级以上地方人民政府住房城乡建设主管部门或者所属施工安全监督机构，应当根据监督工作计划对危大工程进行抽查。

县级以上地方人民政府住房城乡建设主管部门或者所属施工安全监督机构，可以通过政府购买技术服务方式，聘请具有专业技术能力的单位和人员对危大工程进行检查，所需费用向本级财政申请予以保障。

图5-4　监督人员对施工现场进行随机抽查

【问题】安全监督机构如何对危大工程进行抽查？

根据《房屋建筑和市政基础设施工程施工安全监督工作规程》，监督机构应当根据工程项目实际情况，编制《施工安全监督工作计划》，明确主要监督内容、抽查频次、监督措施等。对含有超过一定规模的危险性较大分部分项工程的工程项目、近一年发生过生产安全事故的施工企业承接的工程项目应当增加抽查次数。

施工安全监督过程中，对发生过生产安全事故以及检查中发现安全隐患较多的工程项目，应当调整监督工作计划，增加抽查次数。

已办理施工安全监督手续并取得施工许可证的工程项目，监督机构应当组织建设、勘察、设计、施工、监理等单位及人员（以下简称工程建设责任主体）召开施工安全监督告知会议，提出安全监督要求。

监督机构应当委派2名及以上监督人员按照监督计划对工程项目施工现场进行随机抽查。监督人员应当在抽查前了解工程项目有关情况，确定抽查范围和内容，备好所需设备、资料和文书等。

监督人员应当依据法律法规和工程建设强制性标准，对工程建设责任主体的安全生产行为、施工现场的安全生产状况和安全生产标准化开展情况进行抽查。工程项目危险性较大分部分项工程应当作为重点抽查内容。

监督人员实施施工安全监督，可采用抽查、抽测现场实物，查阅施工合同、施工图纸、管理资料，询问现场有关人员等方式。

监督人员进入工程项目施工现场抽查时，应当向工程建设责任主体出示有效证件。

【图解2】县级以上地方人民政府住房和城乡建设主管部门或者所属施工安全监督机构，可以通过政府购买技术服务的方式，聘请具有专业技术能力的单位和人员对危大工程进行检查（图5-5），所需费用向本级财政申请予以保障。

图 5-5　聘请专业人员对危大工程进行检查

第二十七条　县级以上地方人民政府住房城乡建设主管部门或者所属施工安全监督机构，在监督抽查中发现危大工程存在安全隐患的，应当责令施工单位整改；重大安全事故隐患排除前或者排除过程中无法保证安全的，责令从危险区域内撤出作业人员或者暂时停止施工；对依法应当给予行政处罚的行为，应当依法作出行政处罚决定。

【关键词】整改

【问题 1】县级以上地方人民政府住房和城乡建设主管部门或者所属施工安全监督机构，在监督抽查中发现危大工程存在安全隐患的，应当责令施工单位整改，其具体流程和注意事项是什么？

根据《房屋建筑和市政基础设施工程施工安全监督工作规程》，监督人员在抽查过程中发现工程项目施工现场存在安全生产隐患的，应当责令立即整改；无法立即整改的，下达《限期整改通知书》，责令限期整改；安全生产隐患排除前或排除过程中无法保证安全的，下达《停工整改通知书》，责令从危险区域内撤出作业人员。对抽查中发现的违反相关法律、法规规定的行为，依法实施行政处罚或移交有关部门处理。

被责令限期整改、停工整改的工程项目，施工单位应当在排除安全隐患后，由监理单位组织验收，验收合格后形成安全隐患整改报告，经建设、施工、监理单位项目负责人签字并加盖单位公章，提交监督机构。

监督机构收到施工单位提交的安全隐患整改报告后进行查验，必要时进行现场抽查。经查验符合要求的，监督机构向停工整改的工程项目，发放《恢复施工通知书》。

责令限期整改、停工整改的工程项目，逾期不整改的，监督机构应当按权限实施行政处罚或移交有关部门处理。

【问题2】县级以上地方人民政府住房和城乡建设主管部门或者所属施工安全监督机构的工作人员，未依法履行危大工程安全监督管理职责的后果是什么？

根据《危险性较大的分部分项工程安全管理规定》第三十九条，县级以上地方人民政府住房和城乡建设主管部门或者所属施工安全监督机构的工作人员，未依法履行危大工程安全监督管理职责的，依照有关规定给予处分。

【问题3】工程项目终止施工安全监督后，监督机构还需要做什么？

根据《房屋建筑和市政基础设施工程施工安全监督工作规程》，工程项目终止施工安全监督后，监督机构应当整理工程项目的施工安全监督资料，包括监督文书、抽查记录、项目安全生产标准化自评材料等，形成工程项目的施工安全监督档案。工程项目施工安全监督档案保存期限三年，自归档之日起计算。

监督机构应当将工程建设责任主体安全生产不良行为及处罚结果、工程项目安全生产标准化考评结果记入施工安全信用档案，并向社会公开。

第二十八条 县级以上地方人民政府住房城乡建设主管部门应当将单位和个人的处罚信息纳入建筑施工安全生产不良信用记录。

【关键词】建筑施工安全生产不良信用记录

【图解】县级以上地方人民政府住房和城乡建设主管部门应当将单位和个人的处罚信息纳入建筑施工安全生产不良信用记录。图5-6所示为县级以上地方人民政府住房和城乡建设主管部门信用信息管理平台网站页面。

【问题】建筑施工安全生产不良行为的认定标准是什么？

建筑施工安全生产不良行为详见本书附录三的《危

险性较大的分部分项工程相关违法违规行为认定标准》（附件 6）。

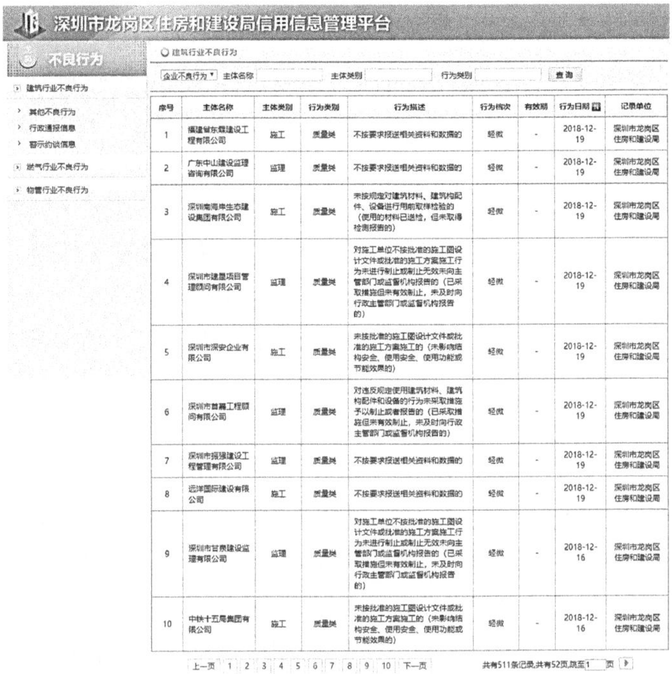
深圳市龙岗区住房和建设局信用信息管理平台

不良行为

建筑行业不良行为

其他不良行为

行政通报信息

警示约谈信息

燃气行业不良行为

物管行业不良行为

建筑行业不良行为

企业不良行为 主体名称 主体类别 行为类别 查询

序号	主体名称	主体类别	行为类别	行为描述	行为档次	有效期	行为日期	记录单位
1	福建省东霖建设工程有限公司	施工	质量类	不按要求报送相关资料和数据的	轻微	-	2018-12-19	深圳市龙岗区住房和建设局
2	广东中山建设监理咨询有限公司	监理	质量类	不按要求报送相关资料和数据的	轻微	-	2018-12-19	深圳市龙岗区住房和建设局
3	深圳南海岸生态建设集团有限公司	施工	质量类	未按规定对建筑材料、建筑构配件、设备进行用前取样检验的（使用的材料已送检，但未取得检测报告的）	轻微	-	2018-12-19	深圳市龙岗区住房和建设局
4	深圳市建星项目管理顾问有限公司	监理	质量类	对施工单位不按批准的施工图设计文件或批准的施工方案施工行为未进行制止或制止无效未向主管部门或监督机构报告的（已采取措施但未有效制止，未及时向行政主管部门或监督机构报告的）	轻微	-	2018-12-19	深圳市龙岗区住房和建设局
5	深圳市深安企业有限公司	施工	质量类	未按批准的施工图设计文件或批准的施工方案施工的（未影响结构安全、使用安全、使用功能或节能效果的）	轻微	-	2018-12-19	深圳市龙岗区住房和建设局
6	深圳市首嘉工程顾问有限公司	监理	质量类	对违反规定使用建筑材料、建筑构配件和设备的行为未采取措施予以制止或者报告的（已采取措施但未有效制止，未及时向行政主管部门或监督机构报告的）	轻微	-	2018-12-19	深圳市龙岗区住房和建设局
7	深圳市振强建设工程管理有限公司	监理	质量类	不按要求报送相关资料和数据的	轻微	-	2018-12-19	深圳市龙岗区住房和建设局
8	远洋国际建设有限公司	施工	质量类	不按要求报送相关资料和数据的	轻微	-	2018-12-19	深圳市龙岗区住房和建设局
9	深圳市甘泉建设监理有限公司	监理	质量类	对施工单位不按批准的施工图设计文件或批准的施工方案施工行为未进行制止或制止无效未向主管部门或监督机构报告的（已采取措施但未有效制止，未及时向行政主管部门或监督机构报告的）	轻微	-	2018-12-16	深圳市龙岗区住房和建设局
10	中铁十五局集团有限公司	施工	质量类	未按批准的施工图设计文件或批准的施工方案施工的（未影响结构安全、使用安全、使用功能或节能效果的）	轻微	-	2018-12-16	深圳市龙岗区住房和建设局

上一页 1 2 3 4 5 6 7 8 9 10 下一页　共有511条记录,共有52页,跳至1页

图 5-6　县级以上地方人民政府住房和城乡建设主管部门信用信息管理平台网站页面

附录

附录一　危险性较大的分部分项工程安全管理规定

危险性较大的分部分项工程安全管理规定

第一章　总则

第一条　为加强对房屋建筑和市政基础设施工程中危险性较大的分部分项工程安全管理，有效防范生产安全事故，依据《中华人民共和国建筑法》《中华人民共和国安全生产法》《建设工程安全生产管理条例》等法律法规，制定本规定。

第二条　本规定适用于房屋建筑和市政基础设施工程中危险性较大的分部分项工程安全管理。

第三条　本规定所称危险性较大的分部分项工程（以下简称"危大工程"），是指房屋建筑和市政基础设施工程在施工过程中，容易导致人员群死群伤或者造成重大经济损失的分部分项工程。

危大工程及超过一定规模的危大工程范围由国务院住房城乡建设主管部门制定。

省级住房城乡建设主管部门可以结合本地区实际情况，补充本地区危大工程范围。

第四条　国务院住房城乡建设主管部门负责全国危大工程安全管理的指导监督。

县级以上地方人民政府住房城乡建设主管部门负责本行政区域内危大工程的安全监督管理。

第二章　前期保障

第五条　建设单位应当依法提供真实、准确、完整的工程地质、水文地质和工程周边环境等资料。

第六条　勘察单位应当根据工程实际及工程周边环境资料，在勘察文件中说明地质条件可能造成的工程风险。

设计单位应当在设计文件中注明涉及危大工程的重点部位和环节，提出保障工程周边环境安全和工程施工安全的意见，必要时进行专项设计。

第七条　建设单位应当组织勘察、设计等单位在施工招标文件中列出危大工程清单，要求施工单位在投标时补充完善危大工程清单并明确相应的安全管理措施。

第八条　建设单位应当按照施工合同约定及时支付危大工程施工技术措施费以及相应的安全防护、文明施工措施费，保障危大工程施工安全。

第九条　建设单位在申请办理安全监督手续时，应当提交危大工程清单及其安全管理措施等资料。

第三章　专项施工方案

第十条　施工单位应当在危大工程施工前组织工程技术人员编制专项施工方案。

实行施工总承包的，专项施工方案应当由施工总承包单位组织编制。危大工程实行分包的，专项施工方案可以由相关专业分包单位组织编制。

第十一条　专项施工方案应当由施工单位技术负责人审核签字、加盖单位公章，并由总监理工程师审查签字、加盖执业印章后方可实施。

危大工程实行分包并由分包单位编制专项施工方案的，专项施工方案应当由总承包单位技术负责人及分包单位技术负责人共同审核签字并加盖单位公章。

第十二条　对于超过一定规模的危大工程，施工单位应当组织召开专家论证会对专项施工方案进行论证。实行施工总承包的，由施工总承包单位组织召开专家论证会。专家论证前专项施工方案应当通过施工单位审核和总监理工程师审查。

专家应当从地方人民政府住房城乡建设主管部门建立的专家库中选取，符合专业要求且人数不得少于 5 名。与本工程有利害关系的人员不得以专家身份参加专家论证会。

第十三条　专家论证会后，应当形成论证报告，对专项施工方案提出通过、修改后通过或者不通过的一致意见。专家对论证报告负责并签字确认。

专项施工方案经论证需修改后通过的，施工单位应当根据论证报告修改完善后，重新履行本规定第十一条的程序。

专项施工方案经论证不通过的，施工单位修改后应当按照本规定的要求重新组织专家论证。

第四章　现场安全管理

第十四条　施工单位应当在施工现场显著位置公告危大工程名称、施工时间和具体责任人员，并在危险区域设置安全警示标志。

第十五条　专项施工方案实施前，编制人员或者项目技术负责人应当向施工现场管理人员进行方案交底。

施工现场管理人员应当向作业人员进行安全技术交底，并由双方和项目专职安全生产管理人员共同签字确认。

第十六条　施工单位应当严格按照专项施工方案组织施工，不得擅自修改专项施工方案。

因规划调整、设计变更等原因确需调整的，修改后的专项施工方案应当按照本规定重新审核和论证。涉及资金或者工期调整的，建设单位应当按照约定予以调整。

第十七条　施工单位应当对危大工程施工作业人员进行登记，项目负责人应当在施工现场履职。

项目专职安全生产管理人员应当对专项施工方案实施情况进行现场监督，对未按照专项施工方案施工的，应当要求立即整改，并及时报告项目负责人，项目负责人应当及时组织限期整改。

施工单位应当按照规定对危大工程进行施工监测和安全巡视，发现危及人身安全的紧急情况，应当立即组织作业人员撤离危险区域。

第十八条　监理单位应当结合危大工程专项施工方案编制监理实施细则，并对危大工程施工实施专项巡视检查。

第十九条　监理单位发现施工单位未按照专项施工方案施工的，应当要求其进行整改；情节严重的，应当要求其暂停施工，并及时报告建设单位。施工单位拒不整改或者不停止施工的，监理单位应当及时报告建设单位和工程所在地住房城乡建设主管部门。

第二十条　对于按照规定需要进行第三方监测的危大工程，建设单位应当委托具有相应勘察资质的单位进行监测。

监测单位应当编制监测方案。监测方案由监测单位技术负责人审核签字并加盖单位公章，报送监理单位后方可实施。

监测单位应当按照监测方案开展监测，及时向建设单位报送监测成果，并对监测成果负责；发现异常时，及时向建设、设计、施工、监理单位报告，建设单位应当立即组织相关单位采取处置措施。

第二十一条　对于按照规定需要验收的危大工程，施工单位、监理单位应当组织相关人员进行验收。验收合格的，经施工单位项目技术负责人及总监理工程师签字确认后，方可进入下一道工序。

危大工程验收合格后，施工单位应当在施工现场明显位置设置验收标识牌，公示验收时间及责任人员。

第二十二条　危大工程发生险情或者事故时，施工单位应当立即采取应急处置措施，并报告工程所在地住房城乡建设主管部门。建设、勘察、设计、监理等单位应当配合施工单位开展应急抢险工作。

第二十三条　危大工程应急抢险结束后，建设单位应当组织勘察、设计、施工、监理等单位制定工程恢复方案，并对应急抢险工作进行后评估。

第二十四条　施工、监理单位应当建立危大工程安全管理档案。

施工单位应当将专项施工方案及审核、专家论证、交底、现场检查、验收及整改等相关资料纳入档案管理。

监理单位应当将监理实施细则、专项施工方案审查、专项巡视检查、验收及整改等相关资料纳入档案管理。

第五章　监督管理

第二十五条　设区的市级以上地方人民政府住房城乡建设主管部门应当建立专家库，制定专家库管理制度，建立专家诚信档案，并向社会公布，接受社会监督。

第二十六条　县级以上地方人民政府住房城乡建设主管部门或者所属施工安全监督机构，应当根据监督工作计划对危大工程进行抽查。

县级以上地方人民政府住房城乡建设主管部门或者所属施工安全监督机构，可以通过政府购买技术服务方式，聘请具有专业技术能力的单位和人员对危大工程进行检查，所需费用向本级财政申请予以保障。

第二十七条　县级以上地方人民政府住房城乡建设主管部门或者所属施工安全监督机构，在监督抽查中发现危大工程存在安全隐患的，应当责令施工单位整改；重大安全事故隐患排除前或者排除过程中无法保证安全的，责令从危险区域内撤出作业人员或者暂时停止施工；对依法应当给予行政处罚的行为，应当依法作出行政处罚决定。

第二十八条　县级以上地方人民政府住房城乡建设主管部门应当将单位和个人的处罚信息纳入建筑施工安全生产不良信用记录。

第六章　法律责任

第二十九条　建设单位有下列行为之一的，责令限期改正，并处1万元以上3

万元以下的罚款；对直接负责的主管人员和其他直接责任人员处 1000 元以上 5000 元以下的罚款：

（一）未按照本规定提供工程周边环境等资料的；

（二）未按照本规定在招标文件中列出危大工程清单的；

（三）未按照施工合同约定及时支付危大工程施工技术措施费或者相应的安全防护、文明施工措施费的；

（四）未按照本规定委托具有相应勘察资质的单位进行第三方监测的；

（五）未对第三方监测单位报告的异常情况组织采取处置措施的。

第三十条 勘察单位未在勘察文件中说明地质条件可能造成的工程风险的，责令限期改正，依照《建设工程安全生产管理条例》对单位进行处罚；对直接负责的主管人员和其他直接责任人员处 1000 元以上 5000 元以下的罚款。

第三十一条 设计单位未在设计文件中注明涉及危大工程的重点部位和环节，未提出保障工程周边环境安全和工程施工安全的意见的，责令限期改正，并处 1 万元以上 3 万元以下的罚款；对直接负责的主管人员和其他直接责任人员处 1000 元以上 5000 元以下的罚款。

第三十二条 施工单位未按照本规定编制并审核危大工程专项施工方案的，依照《建设工程安全生产管理条例》对单位进行处罚，并暂扣安全生产许可证 30 日；对直接负责的主管人员和其他直接责任人员处 1000 元以上 5000 元以下的罚款。

第三十三条 施工单位有下列行为之一的，依照《中华人民共和国安全生产法》《建设工程安全生产管理条例》对单位和相关责任人员进行处罚：

（一）未向施工现场管理人员和作业人员进行方案交底和安全技术交底的；

（二）未在施工现场显著位置公告危大工程，并在危险区域设置安全警示标志的；

（三）项目专职安全生产管理人员未对专项施工方案实施情况进行现场监督的。

第三十四条 施工单位有下列行为之一的，责令限期改正，处 1 万元以上 3 万元以下的罚款，并暂扣安全生产许可证 30 日；对直接负责的主管人员和其他直接责任人员处 1000 元以上 5000 元以下的罚款：

（一）未对超过一定规模的危大工程专项施工方案进行专家论证的；

（二）未根据专家论证报告对超过一定规模的危大工程专项施工方案进行修改，或者未按照本规定重新组织专家论证的；

（三）未严格按照专项施工方案组织施工，或者擅自修改专项施工方案的。

第三十五条 施工单位有下列行为之一的，责令限期改正，并处 1 万元以上 3

万元以下的罚款；对直接负责的主管人员和其他直接责任人员处 1000 元以上 5000 元以下的罚款：

（一）项目负责人未按照本规定现场履职或者组织限期整改的；

（二）施工单位未按照本规定进行施工监测和安全巡视的；

（三）未按照本规定组织危大工程验收的；

（四）发生险情或者事故时，未采取应急处置措施的；

（五）未按照本规定建立危大工程安全管理档案的。

第三十六条　监理单位有下列行为之一的，依照《中华人民共和国安全生产法》《建设工程安全生产管理条例》对单位进行处罚；对直接负责的主管人员和其他直接责任人员处 1000 元以上 5000 元以下的罚款：

（一）总监理工程师未按照本规定审查危大工程专项施工方案的；

（二）发现施工单位未按照专项施工方案实施，未要求其整改或者停工的；

（三）施工单位拒不整改或者不停止施工时，未向建设单位和工程所在地住房城乡建设主管部门报告的。

第三十七条　监理单位有下列行为之一的，责令限期改正，并处 1 万元以上 3 万元以下的罚款；对直接负责的主管人员和其他直接责任人员处 1000 元以上 5000 元以下的罚款：

（一）未按照本规定编制监理实施细则的；

（二）未对危大工程施工实施专项巡视检查的；

（三）未按照本规定参与组织危大工程验收的；

（四）未按照本规定建立危大工程安全管理档案的。

第三十八条　监测单位有下列行为之一的，责令限期改正，并处 1 万元以上 3 万元以下的罚款；对直接负责的主管人员和其他直接责任人员处 1000 元以上 5000 元以下的罚款：

（一）未取得相应勘察资质从事第三方监测的；

（二）未按照本规定编制监测方案的；

（三）未按照监测方案开展监测的；

（四）发现异常未及时报告的。

第三十九条　县级以上地方人民政府住房城乡建设主管部门或者所属施工安全监督机构的工作人员，未依法履行危大工程安全监督管理职责的，依照有关规定给予处分。

第七章　附则

第四十条　本规定自 2018 年 6 月 1 日起施行。

附录二　住房和城乡建设部办公厅关于实施《危险性较大的分部分项工程安全管理规定》有关问题的通知

住房和城乡建设部办公厅关于实施《危险性较大的分部分项工程安全管理规定》有关问题的通知

各省、自治区住房城乡建设厅，北京市住房城乡建设委、天津市城乡建设委、上海市住房城乡建设管委、重庆市城乡建设委，新疆生产建设兵团住房城乡建设局：

为贯彻实施《危险性较大的分部分项工程安全管理规定》（住房城乡建设部令第 37 号），进一步加强和规范房屋建筑和市政基础设施工程中危险性较大的分部分项工程（以下简称危大工程）安全管理，现将有关问题通知如下：

一、关于危大工程范围

危大工程范围详见附件 1。超过一定规模的危大工程范围详见附件 2。

二、关于专项施工方案内容

危大工程专项施工方案的主要内容应当包括：

（一）工程概况：危大工程概况和特点、施工平面布置、施工要求和技术保证条件；

（二）编制依据：相关法律、法规、规范性文件、标准、规范及施工图设计文件、施工组织设计等；

（三）施工计划：包括施工进度计划、材料与设备计划；

（四）施工工艺技术：技术参数、工艺流程、施工方法、操作要求、检查要求等；

（五）施工安全保证措施：组织保障措施、技术措施、监测监控措施等；

（六）施工管理及作业人员配备和分工：施工管理人员、专职安全生产管理人员、特种作业人员、其他作业人员等；

（七）验收要求：验收标准、验收程序、验收内容、验收人员等；

（八）应急处置措施；

（九）计算书及相关施工图纸。

三、关于专家论证会参会人员

超过一定规模的危大工程专项施工方案专家论证会的参会人员应当包括：

（一）专家；

（二）建设单位项目负责人；

（三）有关勘察、设计单位项目技术负责人及相关人员；

（四）总承包单位和分包单位技术负责人或授权委派的专业技术人员、项目负责人、项目技术负责人、专项施工方案编制人员、项目专职安全生产管理人员及相关人员；

（五）监理单位项目总监理工程师及专业监理工程师。

四、关于专家论证内容

对于超过一定规模的危大工程专项施工方案，专家论证的主要内容应当包括：

（一）专项施工方案内容是否完整、可行；

（二）专项施工方案计算书和验算依据、施工图是否符合有关标准规范；

（三）专项施工方案是否满足现场实际情况，并能够确保施工安全。

五、关于专项施工方案修改

超过一定规模的危大工程专项施工方案经专家论证后结论为"通过"的，施工单位可参考专家意见自行修改完善；结论为"修改后通过"的，专家意见要明确具体修改内容，施工单位应当按照专家意见进行修改，并履行有关审核和审查手续后方可实施，修改情况应及时告知专家。

六、关于监测方案内容

进行第三方监测的危大工程监测方案的主要内容应当包括工程概况、监测依据、监测内容、监测方法、人员及设备、测点布置与保护、监测频次、预警标准及监测成果报送等。

七、关于验收人员

危大工程验收人员应当包括：

（一）总承包单位和分包单位技术负责人或授权委派的专业技术人员、项目负责人、项目技术负责人、专项施工方案编制人员、项目专职安全生产管理人员及相关人员；

（二）监理单位项目总监理工程师及专业监理工程师；

（三）有关勘察、设计和监测单位项目技术负责人。

八、关于专家条件

设区的市级以上地方人民政府住房城乡建设主管部门建立的专家库专家应当具备以下基本条件：

（一）诚实守信、作风正派、学术严谨；

（二）从事相关专业工作15年以上或具有丰富的专业经验；

（三）具有高级专业技术职称。

九、关于专家库管理

设区的市级以上地方人民政府住房城乡建设主管部门应当加强对专家库专家的管理，定期向社会公布专家业绩，对于专家不认真履行论证职责、工作失职等行为，记入不良信用记录，情节严重的，取消专家资格。

《关于印发〈危险性较大的分部分项工程安全管理办法〉的通知》（建质〔2009〕87号）自2018年6月1日起废止。

附件：1. 危险性较大的分部分项工程范围

2. 超过一定规模的危险性较大的分部分项工程范围

中华人民共和国住房和城乡建设部办公厅

2018年5月17日

附件1 危险性较大的分部分项工程范围

一、基坑工程

（一）开挖深度超过3m（含3m）的基坑（槽）的土方开挖、支护、降水工程。

（二）开挖深度虽未超过3m，但地质条件、周围环境和地下管线复杂，或影响毗邻建、构筑物安全的基坑（槽）的土方开挖、支护、降水工程。

二、模板工程及支撑体系

（一）各类工具式模板工程：包括滑模、爬模、飞模、隧道模等工程。

（二）混凝土模板支撑工程：搭设高度5m及以上，或搭设跨度10m及以上，或施工总荷载（荷载效应基本组合的设计值，以下简称设计值）$10kN/m^2$ 及以上，或集中线荷载（设计值）$15kN/m$ 及以上，或高度大于支撑水平投影宽度且相对独立无联系构件的混凝土模板支撑工程。

（三）承重支撑体系：用于钢结构安装等满堂支撑体系。

三、起重吊装及起重机械安装拆卸工程

（一）采用非常规起重设备、方法，且单件起吊重量在10kN及以上的起重吊装工程。

（二）采用起重机械进行安装的工程。

（三）起重机械安装和拆卸工程。

四、脚手架工程

（一）搭设高度24m及以上的落地式钢管脚手架工程（包括采光井、电梯井脚手架）。

（二）附着式升降脚手架工程。

（三）悬挑式脚手架工程。

（四）高处作业吊篮。

（五）卸料平台、操作平台工程。

（六）异型脚手架工程。

五、拆除工程

可能影响行人、交通、电力设施、通信设施或其他建、构筑物安全的拆除工程。

六、暗挖工程

采用矿山法、盾构法、顶管法施工的隧道、洞室工程。

七、其他

（一）建筑幕墙安装工程。

（二）钢结构、网架和索膜结构安装工程。

（三）人工挖孔桩工程。

（四）水下作业工程。

（五）装配式建筑混凝土预制构件安装工程。

（六）采用新技术、新工艺、新材料、新设备可能影响工程施工安全，尚无国家、行业及地方技术标准的分部分项工程。

附件 2　超过一定规模的危险性较大的分部分项工程范围

一、深基坑工程

开挖深度超过 5m（含 5m）的基坑（槽）的土方开挖、支护、降水工程。

二、模板工程及支撑体系

（一）各类工具式模板工程：包括滑模、爬模、飞模、隧道模等工程。

（二）混凝土模板支撑工程：搭设高度 8m 及以上，或搭设跨度 18m 及以上，或施工总荷载（设计值）15kN/m^2 及以上，或集中线荷载（设计值）20kN/m 及以上。

（三）承重支撑体系：用于钢结构安装等满堂支撑体系，承受单点集中荷载 7kN 及以上。

三、起重吊装及起重机械安装拆卸工程

（一）采用非常规起重设备、方法，且单件起吊重量在 100kN 及以上的起重吊装工程。

（二）起重量 300kN 及以上，或搭设总高度 200m 及以上，或搭设基础标高在 200m 及以上的起重机械安装和拆卸工程。

四、脚手架工程

（一）搭设高度 50m 及以上的落地式钢管脚手架工程。

（二）提升高度在 150m 及以上的附着式升降脚手架工程或附着式升降操作平台工程。

（三）分段架体搭设高度 20m 及以上的悬挑式脚手架工程。

五、拆除工程

（一）码头、桥梁、高架、烟囱、水塔或拆除中容易引起有毒有害气（液）体或粉尘扩散、易燃易爆事故发生的特殊建、构筑物的拆除工程。

（二）文物保护建筑、优秀历史建筑或历史文化风貌区影响范围内的拆除工程。

六、暗挖工程

采用矿山法、盾构法、顶管法施工的隧道、洞室工程。

七、其他

（一）施工高度 50m 及以上的建筑幕墙安装工程。

（二）跨度 36m 及以上的钢结构安装工程，或跨度 60m 及以上的网架和索膜结构安装工程。

（三）开挖深度 16m 及以上的人工挖孔桩工程。

（四）水下作业工程。

（五）重量 1000kN 及以上的大型结构整体顶升、平移、转体等施工工艺。

（六）采用新技术、新工艺、新材料、新设备可能影响工程施工安全，尚无国家、行业及地方技术标准的分部分项工程。

附录三　北京市房屋建筑和市政基础设施工程危险性较大的分部分项工程安全管理实施细则

北京市房屋建筑和市政基础设施工程危险性较大的分部分项工程安全管理实施细则

第一章　总则

第一条　为加强房屋建筑和市政基础设施工程中危险性较大的分部分项工程（以下简称"危大工程"）安全管理，有效防范生产安全事故，依据《危险性较大的分部分项工程安全管理规定》（住房城乡建设部令第 37 号，以下简称《规定》）《住房和城乡建设部关于修改部分部门规章的决定》（住房城乡建设部令第 47 号）《住房城乡建设部办公厅关于实施〈危险性较大的分部分项工程安全管理规定〉有关问题的通知》（建办质〔2018〕31 号，以下简称《通知》）等有关规定，结合本市实际，制定本细则。

第二条　本细则适用于本市行政区域内房屋建筑和市政基础设施工程中危大工程的安全管理。

第三条　北京市住房和城乡建设委员会（以下简称"市住房城乡建设委"）、北京市规划和自然资源委员会（以下简称"市规划自然资源委"）负责全市危大工程安全管理的指导监督。市住房城乡建设委对工程项目建设单位、施工单位、监理单位履行危大工程安全管理职责情况进行监督执法抽查，对违法违规行为依法实施行政处罚。市规划自然资源委对工程项目勘察单位、设计单位、监测单位成果文件质量情况进行监督执法抽查，对违法违规行为依法实施行政处罚。

区住房城乡建设主管部门负责对辖区内纳入施工安全监督范围的危大工程实施具体施工安全监督管理，对工程项目建设单位、施工单位、监理单位履行危大工程安全管理职责情况进行监督执法抽查，对违法违规行为依法实施行政处罚。

本市轨道交通建设工程中危大工程具体施工安全监督管理，市住房城乡建设委有关文件另有规定的，从其规定。

第四条　危大工程范围详见《危险性较大的分部分项工程范围》（附件1）。超过一定规模的危大工程范围详见《超过一定规模的危险性较大的分部分项工程范围》（附件2）。

第五条　本市成立危大工程安全管理领导小组（以下简称"领导小组"），统筹协调危大工程安全管理工作。领导小组组长由市住房城乡建设委、市规划自然资源委分管相关业务的主管领导担任，市住房城乡建设委、市规划自然资源委负责相关业务的处室和事业单位为领导小组成员单位。

领导小组下设办公室（以下简称"危大办"），设在市住房城乡建设委施工安全管理处。市住房城乡建设委通过政府购买技术服务方式选定技术服务单位，授权技术服务单位协助危大办开展日常管理工作。

第六条　市住房城乡建设委负责组建北京市危大工程专家库（以下简称"专家库"），建立危大工程安全动态管理平台（以下简称"动态管理平台"）。

第二章　前期保障

第七条　建设单位应当依法提供真实、准确、完整的工程地质、水文地质和工程周边环境等资料。

第八条　勘察单位应当根据工程实际及工程周边环境资料，在勘察文件中说明地质条件可能造成的工程风险。

设计单位应当在设计文件中注明涉及危大工程的重点部位和环节，提出保障工程周边环境安全和工程施工安全的意见，必要时进行专项设计。

第九条　建设单位应当组织勘察、设计等单位在施工招标文件中列出危大工程清单，要求施工单位在投标时补充完善危大工程清单并明确相应的安全管理措施。

第十条　建设单位应当按照施工合同约定及时支付危大工程施工技术措施费以及相应的安全防护文明施工措施费，保障危大工程施工安全。

第十一条　建设单位在住房城乡建设主管部门申请办理施工许可手续时，应当在建设项目法人承诺书中承诺已具备《危险性较大的分部分项工程清单》（附件3）及其安全管理措施等资料。

第十二条　施工单位应当依据《北京市房屋建筑和市政基础设施工程施工安全风险分级管控指南》（以下简称《指南》），结合企业实际情况，将本企业资质许可范围允许承揽工程中可能涉及的危大工程作为风险源列入《企业施工安全风险源判别清单库》，并适时更新。

第十三条　工程项目施工单位在开始施工前，应当依据《指南》，结合本工程项目《危险性较大的分部分项工程清单》，在《企业施工安全风险源判别清单库》中选取本工程项目涉及的危大工程风险源，进行风险评价，确定风险等级，并按照《指南》采取管控措施。

第三章　专项施工方案

第十四条　施工单位应当在工程项目施工前，填写《危险性较大的分部分项工程汇总表》（附件4），报建设单位、监理单位留存。

第十五条　施工单位应当在危大工程施工前，依据《危险性较大的分部分项工程汇总表》，组织工程技术人员编制专项施工方案。

实行施工总承包的，专项施工方案应当由施工总承包单位组织编制。危大工程实行专业分包的，专项施工方案可由相关专业分包单位组织编制，并由专业分包单位项目负责人主持编制。危大工程实行专业承包的，专项施工方案应当由相关专业承包单位组织编制，并由专业承包单位项目负责人主持编制。

第十六条　专项施工方案应当由施工单位技术负责人审核签字、加盖单位公章，并由总监理工程师审查签字、加盖执业印章后方可实施。

危大工程实行专业分包并由专业分包单位编制专项施工方案的，专项施工方案应当由专业分包单位技术负责人及施工总承包单位技术负责人共同审核签字并加盖单位公章，并由总监理工程师审查签字、加盖执业印章后方可实施。

危大工程实行专业承包的，专项施工方案应当由专业承包单位技术负责人及建设单位技术负责人共同审核签字并加盖单位公章，由施工总承包单位技术负责人审核签字，并由总监理工程师审查签字、加盖执业印章后方可实施。

超过一定规模的危大工程专项施工方案除应当履行本条前三款规定的审核审查程序外，还应当由负责工程安全质量的建设单位代表审批签字。

第十七条　专项施工方案的主要内容应当包括：

（一）工程概况：危大工程概况和特点、施工平面布置、施工要求和技术保证条件；

（二）编制依据：相关法律、法规、规范性文件、标准、规范及施工图设计文件、施工组织设计等；

（三）施工计划：包括施工进度计划、材料与设备计划；

（四）施工工艺技术：技术参数、工艺流程、施工方法、操作要求、检查要求等；

（五）施工安全保证措施：组织保障措施、技术措施、监测监控措施等；

（六）施工管理及作业人员配备和分工：施工管理人员、专职安全生产管理人员、特种作业人员、其他作业人员等；

（七）验收要求：验收标准、验收程序、验收内容、验收人员等；

（八）应急处置措施；

（九）计算书及相关施工图纸。

第十八条　对于超过一定规模的危大工程，施工单位应当组织召开专家论证会对专项施工方案进行论证。实行施工总承包的，由施工总承包单位组织召开专家论证会。专家论证前专项施工方案应当履行完本细则第十六条程序。

第十九条　专项施工方案专家论证会的组织单位（以下简称"组织单位"）应当在专家论证会召开前 3 个工作日内，从动态管理平台专家库中抽取符合专业要求的专家（专家人数不得少于 5 名，含 1 名专家组长），并上传专项施工方案电子版。专家在专家论证会召开前，应当对专项施工方案进行预审。

第二十条　专项施工方案专家论证会的参会人员应当包括：

（一）专家；

（二）建设单位项目负责人或建设单位代表；

（三）有关勘察、设计单位项目技术负责人及相关人员；

（四）施工总承包单位和分包单位技术负责人或授权委派的专业技术人员，以及项目负责人、项目技术负责人、专项施工方案编制人员、项目专职安全生产管理人员和相关人员；

（五）监理单位项目总监理工程师及专业监理工程师。

与本条（二）至（五）涉及单位有利害关系的人员，不得以专家身份参加专家论证会。

第二十一条　专项施工方案专家论证的主要内容应当包括：

（一）专项施工方案内容是否完整、可行；

（二）专项施工方案计算书和验算依据、施工图是否符合有关标准规范；

（三）专项施工方案是否满足现场实际情况，并能够确保施工安全。

第二十二条　专家论证会后，应当形成《危险性较大的分部分项工程专家论证报告》（附件5），对专项施工方案提出通过、修改后通过或者不通过的一致意见。专家对论证报告负责并签字确认。

专项施工方案经论证结论为"通过"的，施工单位可参考专家意见自行修改完善后方可实施。

专项施工方案经论证结论为"修改后通过"的，施工单位应当根据论证报告对专项施工方案进行修改完善，重新履行完本细则第十六条程序并经专家组长同意后方可实施。

专项施工方案经论证结论为"不通过"的，施工单位应当根据论证报告对专项施工方案进行修改完善，重新履行完本细则第十六条程序并重新组织专家论证。重新论证专家原则上由原论证专家担任。

第二十三条　组织单位应当于专家论证会结束后3个工作日内，将《危险性较大的分部分项工程专家论证报告》电子版上传至动态管理平台。

第四章　现场安全管理

第二十四条　施工单位应当在施工现场显著位置公告危大工程名称、施工时间和具体责任人员，并在危险区域设置安全警示标志。

第二十五条　专项施工方案实施前，编制人员或者项目技术负责人应当向施工现场管理人员进行书面的方案交底，并由双方共同签字确认。

施工现场管理人员应当向所有作业人员进行书面的安全技术交底，并由双方和项目专职安全生产管理人员共同签字确认。

第二十六条　施工单位应当严格按照专项施工方案组织施工，不得擅自修改专项施工方案。

因规划调整、设计变更等原因确需调整的，修改后的专项施工方案应当重新履行本细则第十六条程序和专家论证程序。涉及资金或者工期调整的，建设单位应当按照约定予以调整。

第二十七条　施工单位应当对危大工程施工作业人员进行登记，项目负责人应当在施工现场履职。

项目专职安全生产管理人员应当对专项施工方案实施情况进行现场监督，对未按照专项施工方案施工的，应当要求立即整改，并及时报告项目负责人，项目负责人应当及时组织限期整改。

施工单位应当按照规定对危大工程进行施工监测和安全巡视，发现危及人身安全的紧急情况，应当立即组织作业人员撤离危险区域。

第二十八条　在超过一定规模的危大工程施工期间，施工单位应当于每月1

日至 5 日（节假日顺延）登录动态管理平台，填写上月专项施工方案实施情况，并应向专家提供能够判断工程安全状况的文字说明、相关数据和现场照片。

第二十九条　对于超过一定规模的危大工程，专家组长或专家组长指定的专家应当自专项施工方案实施之日起，每月对专项施工方案的实施情况进行不少于一次的跟踪，并在动态管理平台填写跟踪报告。当危大工程施工至关键节点时，专家组长或专家组长指定的专家应当对专项施工方案的实施情况进行现场检查指导，并根据检查情况对危大工程的安全状态做出判断，填写跟踪报告。

第三十条　施工单位对专项施工方案的实施负安全质量主体责任。专家对专项施工方案的论证以及对专项施工方案实施情况的跟踪不替代工程项目参建单位对危大工程的法定管理责任。

第三十一条　监理单位应当结合危大工程专项施工方案编制监理实施细则，并对危大工程施工实施专项巡视检查。

第三十二条　监理单位发现施工单位未按照专项施工方案施工的，应当要求其进行整改；情节严重的，应当要求其暂停施工，并及时报告建设单位。施工单位拒不整改或者不停止施工的，监理单位应当及时报告建设单位和工程所在地区住房城乡建设主管部门。

第三十三条　对于按照规定需要进行第三方监测的危大工程，建设单位应当委托具有相应资质的单位进行监测。

监测单位应当编制监测方案。监测方案由监测单位技术负责人审核签字并加盖单位公章，报送监理单位后方可实施。

监测单位应当按照监测方案开展监测，及时向建设单位报送监测成果，并对监测成果负责；发现异常时，及时向建设、设计、施工、监理单位报告，建设单位应当立即组织相关单位采取处置措施。

第三十四条　进行第三方监测的危大工程监测方案的主要内容应当包括工程概况、监测依据、监测内容、监测方法、人员及设备、测点布置与保护、监测频次、预警标准及监测成果报送等。

第三十五条　对于按照规定需要验收的危大工程，施工单位、监理单位应当组织相关人员进行验收。验收合格的，经施工单位项目技术负责人及总监理工程师签字确认后，方可进入下一道工序。

危大工程验收合格后，施工单位应当在施工现场明显位置设置验收标识牌，公示验收时间及责任人员。

第三十六条　危大工程验收人员应当包括：

（一）施工总承包单位和分包单位技术负责人或授权委派的专业技术人员，以及项目负责人、项目技术负责人、专项施工方案编制人员、项目专职安全生产管理人员和相关人员；

（二）监理单位项目总监理工程师及专业监理工程师；

（三）有关勘察、设计和监测单位项目技术负责人。

第三十七条　危大工程发生险情或者事故时，施工单位应当立即采取应急处置措施，并报告工程所在地区住房城乡建设主管部门。建设、勘察、设计、监理等单位应当配合施工单位开展应急抢险工作。

第三十八条　危大工程应急抢险结束后，建设单位应当组织勘察、设计、施工、监理等单位制定工程恢复方案，并对应急抢险工作进行评估。

第三十九条　施工单位应当根据实际情况，将以下危大工程安全管理资料纳入危大工程安全管理档案：

（一）《危险性较大的分部分项工程清单》；

（二）《危险性较大的分部分项工程汇总表》；

（三）风险评价和风险管控相关资料；

（四）专项施工方案及施工单位审核、监理单位审查、建设单位审批手续；

（五）《危险性较大的分部分项工程专家论证报告》及专家论证会会议签到表；

（六）方案交底及安全技术交底；

（七）施工作业人员登记表；

（八）项目负责人现场履职记录；

（九）项目专职安全管理人员现场监督记录；

（十）施工监测和安全巡视记录；

（十一）上月专项施工方案实施情况说明；

（十二）验收记录；

（十三）隐患排查整改和复查记录。

第四十条　监理单位应当根据实际情况，将以下危大工程安全管理资料纳入危大工程安全管理档案：

（一）《危险性较大的分部分项工程清单》；

（二）《危险性较大的分部分项工程汇总表》；

（三）专项施工方案及施工单位审核、监理单位审查、建设单位审批手续；

（四）《危险性较大的分部分项工程专家论证报告》及专家论证会会议签到表；

（五）监理实施细则；

（六）专项巡视检查记录；

（七）验收记录；

（八）隐患排查整改及复查记录（工作联系单、监理通知及监理通知回复单）；

（九）暂停施工及复工手续（工程暂停令、工程复工报审表及工程复工令）；

（十）向建设单位和工程所在地区住房城乡建设主管部门报告记录（监理报告）。

第五章　监督管理

第四十一条　专家库专家应当具备以下基本条件：

（一）诚实守信、作风正派、学术严谨；

（二）从事专业工作 15 年以上或具有丰富的专业经验；

（三）具有高级专业技术职称；

（四）年龄不超过 70 周岁。

满足上述条件并经领导小组审核予以聘任的专家，取得专家聘书。依据有关规定经领导小组审核予以解聘的专家，在动态管理平台删除。专家库专家按照专业类别在市住房城乡建设委门户网站向社会公布，接受社会监督。

第四十二条　市、区住房城乡建设主管部门应当根据监督执法工作计划，对工程项目建设单位、施工单位、监理单位履行危大工程安全管理职责情况进行监督执法抽查，对违法违规行为依法实施行政处罚。

市、区住房城乡建设主管部门在对工程项目建设单位、施工单位、监理单位履行危大工程安全管理职责情况进行监督执法抽查时，发现勘察单位、设计单位、监测单位存在《规定》第六章有关违法行为的，应当将违法违规行为的具体情况移送到规划自然资源主管部门。

市、区住房城乡建设主管部门可通过政府购买技术服务方式，聘请具有专业技术能力的单位和人员对危大工程进行检查或提供技术咨询服务，所需费用向本级财政申请予以保障。

第四十三条　市规划自然资源委应当通过施工图审查或质量抽查等措施，对工程项目勘察单位、设计单位、监测单位成果文件质量情况进行监督执法抽查，对违法违规行为依法实施行政处罚。

市规划自然资源委在对工程项目勘察单位、设计单位、监测单位成果文件质量情况进行监督执法抽查时，发现建设单位、施工单位、监理单位存在《规定》第六章有关违法行为的，应当将违法违规行为的具体情况移送到住房城乡建设主管部门。

第四十四条　市、区住房城乡建设主管部门在监督执法抽查中发现危大工程存在安全隐患的，应当责令施工单位整改；重大事故隐患排除前或者排除过程中无法保证安全的，应当责令从危险区域内撤出作业人员或者暂时停止施工；对依法应当给予行政处罚的行为，应当依法作出行政处罚决定。

第六章　法律责任

第四十五条　依照《规定》，建设单位有下列行为之一的，责令限期改正，并处 1 万元以上 3 万元以下的罚款；对直接负责的主管人员和其他直接责任人员处 1000 元以上 5000 元以下的罚款：

（一）未按照《规定》提供工程周边环境等资料的；

（二）未按照《规定》在招标文件中列出危大工程清单的；

（三）未按照施工合同约定及时支付危大工程施工技术措施费或者相应的安全防护文明施工措施费的；

（四）未按照《规定》委托具有相应资质的单位进行第三方监测的；

（五）未对第三方监测单位报告的异常情况组织采取处置措施的。

第四十六条　依照《规定》，勘察单位未在勘察文件中说明地质条件可能造成的工程风险的，责令限期改正，依照《建设工程安全生产管理条例》对单位进行处罚；对直接负责的主管人员和其他直接责任人员处 1000 元以上 5000 元以下的罚款。

第四十七条　依照《规定》，设计单位未在设计文件中注明涉及危大工程的重点部位和环节，未提出保障工程周边环境安全和工程施工安全的意见的，责令限期改正，并处 1 万元以上 3 万元以下的罚款；对直接负责的主管人员和其他直接责任人员处 1000 元以上 5000 元以下的罚款。

第四十八条　依照《规定》，施工单位未按照《规定》编制并审核危大工程专项施工方案的，依照《建设工程安全生产管理条例》对单位进行处罚；暂扣安全生产许可证 30 日；对直接负责的主管人员和其他直接责任人员处 1000 元以上 5000 元以下的罚款。

第四十九条　依照《规定》，施工单位有下列行为之一的，依照《中华人民共和国安全生产法》《建设工程安全生产管理条例》对单位和相关责任人员进行处罚：

（一）未向施工现场管理人员和作业人员进行方案交底和安全技术交底的；

（二）未在施工现场显著位置公告危大工程，并在危险区域设置安全警示标志的；

（三）项目专职安全生产管理人员未对专项施工方案实施情况进行现场监督的。

第五十条　依照《规定》，施工单位有下列行为之一的，责令限期改正，处 1 万元以上 3 万元以下的罚款，并暂扣安全生产许可证 30 日；对直接负责的主管人员和其他直接责任人员处 1000 元以上 5000 元以下的罚款：

（一）未对超过一定规模的危大工程专项施工方案进行专家论证的；

（二）未根据专家论证报告对超过一定规模的危大工程专项施工方案进行修改，或者未按照《规定》重新组织专家论证的；

（三）未严格按照专项施工方案组织施工，或者擅自修改专项施工方案的。

第五十一条　依照《规定》，施工单位有下列行为之一的，责令限期改正，并处 1 万元以上 3 万元以下的罚款；对直接负责的主管人员和其他直接责任人员处 1000 元以上 5000 元以下的罚款：

（一）项目负责人未按照《规定》现场履职或者组织限期整改的；

（二）未按照《规定》进行施工监测和安全巡视的；

（三）未按照《规定》组织危大工程验收的；

（四）发生险情或者事故时，未采取应急处置措施的；

（五）未按照《规定》建立危大工程安全管理档案的。

第五十二条　依照《规定》，监理单位有下列行为之一的，依照《中华人民共和国安全生产法》《建设工程安全生产管理条例》对单位进行处罚；对直接负责的主管人员和其他直接责任人员处 1000 元以上 5000 元以下的罚款：

（一）总监理工程师未按照《规定》审查危大工程专项施工方案的；

（二）发现施工单位未按照专项施工方案实施，未要求其整改或者停工的；

（三）施工单位拒不整改或者不停止施工时，未向建设单位和工程所在地区住房城乡建设主管部门报告的。

第五十三条　依照《规定》，监理单位有下列行为之一的，责令限期改正，并处 1 万元以上 3 万元以下的罚款；对直接负责的主管人员和其他直接责任人员处 1000 元以上 5000 元以下的罚款：

（一）未按照《规定》编制监理实施细则的；

（二）未对危大工程施工实施专项巡视检查的；

（三）未按照《规定》参与组织危大工程验收的；

（四）未按照《规定》建立危大工程安全管理档案的。

第五十四条　依照《规定》，监测单位有下列行为之一的，责令限期改正，并处 1 万元以上 3 万元以下的罚款；对直接负责的主管人员和其他直接责任人员处 1000 元以上 5000 元以下的罚款：

（一）未取得相应资质从事第三方监测的；

（二）未按照《规定》编制监测方案的；

（三）未按照监测方案开展监测的；

（四）发现异常未及时报告的。

第五十五条　依照《规定》第三十二条或第三十四条对施工单位作出处以暂扣安全生产许可证的行政处罚，由市、区住房城乡建设主管部门依据市住房城乡建设委有关文件规定的程序执行。

第五十六条　市、区住房城乡建设主管部门在对房地产开发企业、建筑施工企业、工程监理企业和相关人员实施行政处罚的同时，分别依照《北京市房地产开发企业违法违规行为记分标准》《北京市建筑业企业违法违规行为记分标准》和《北京市工程监理企业资质及人员违法违规行为记分标准》予以记分处理。

第五十七条　施工单位有下列行为之一的，责令限期改正，依照《北京市建筑业企业违法违规行为记分标准》予以记分处理：

（一）未在专家论证会结束后 3 个工作日内将《危险性较大的分部分项工程专家论证报告》电子版上传至动态管理平台的；

（二）在超过一定规模的危大工程施工期间，未在每月 1 日至 5 日（节假日顺延）登录动态管理平台，填写上月专项施工方案实施情况的。

第五十八条　《规定》第六章涉及施工单位、监理单位相关违法违规行为的认定标准详见《危险性较大的分部分项工程相关违法违规行为认定标准》（附件6），作为市、区住房城乡建设主管部门实施行政处罚时认定违法违规行为的依据。

第五十九条　对于履行危大工程安全管理责任不力的区住房城乡建设主管部门或建设单位、施工单位、监理单位，市住房城乡建设委可依照《北京市建设工程安全生产约谈办法》，约谈其主要或主管负责人。

第七章　附　则

第六十条　依据《北京市房屋建筑和市政基础设施工程重大生产安全事故隐患判定导则》被判定为重大事故隐患的危大工程事故隐患，除应当执行《规定》《通知》和本细则有关规定外，还须执行市住房城乡建设委关于事故隐患排查治理和对重大事故隐患实施安全监督管理的有关规定。

第六十一条　本细则所称危大工程，是指房屋建筑和市政基础设施工程在施工过程中，容易导致人员群死群伤或者造成重大经济损失的分部分项工程。

本细则所称专业分包，是指施工总承包单位将其所承包工程中的专业工程发包给具有专业工程施工资质的其他建筑业企业的行为。

本细则所称专业承包，是指建设单位在相关规定允许范围内，直接将专业工程自行发包给具有专业工程施工资质的其他建筑业企业的行为。

本细则所称施工单位（包括施工总承包单位、专业分包单位、专业承包单位）和监理单位，是指具有相应资质的独立法人企业。

第六十二条　本细则自 2019 年 6 月 1 日起施行。《北京市实施〈危险性较大的分部分项工程安全管理办法〉规定》（京建施〔2009〕841 号）、《北京市危险性较大的分部分项工程安全动态管理办法》（京建法〔2012〕1 号）同时废止。

附件：1. 危险性较大的分部分项工程范围

2. 超过一定规模的危险性较大的分部分项工程范围

3. 危险性较大的分部分项工程清单

4. 危险性较大的分部分项工程汇总表

5. 危险性较大的分部分项工程专家论证报告

6. 危险性较大的分部分项工程相关违法违规行为认定标准

附件 1 危险性较大的分部分项工程范围

一、基坑工程

（一）开挖深度超过 3m（含 3m）的基坑（槽）的土方开挖、支护、降水工程。

（二）开挖深度虽未超过 3m，但地质条件和（或）周边环境条件复杂的基坑（槽）（符合《建筑基坑支护技术规程》DB11/489 基坑侧壁安全等级一、二级判断标准）的土方开挖、支护、降水工程。

二、模板工程及支撑体系

（一）各类工具式模板工程：包括滑模、爬模、飞模、隧道模等工程。

（二）混凝土模板支撑工程：搭设高度 5m 及以上，或搭设跨度 10m 及以上，或施工总荷载（荷载效应基本组合的设计值，以下简称设计值）10kN/m² 及以上，或集中线荷载（设计值）15kN/m 及以上，或高度大于支撑水平投影宽度且相对独立无联系构件的混凝土模板支撑工程。

（三）承重支撑体系：用于钢结构安装等满堂支撑体系。

三、起重吊装及起重机械安装拆卸工程

（一）采用非常规起重设备、方法，且单件起吊重量在 10kN 及以上的起重吊装工程。

非常规起重设备、方法包括：采用自制起重设备、设施进行起重作业；2 台（或以上）起重设备联合作业；流动式起重机带载行走；采用滑排、滑轨、滚杠、地牛等措施进行水平位移；采用绞磨、卷扬机、葫芦或者液压千斤顶等方式进行提升；人力起重工程。

（二）采用起重机械进行安装的工程。

（三）起重机械安装和拆卸工程。

（四）施工现场 2 台（或以上）起重机械存在相互干扰的多台多机种作业工程。

（五）装配式建筑构件吊装工程。

四、脚手架工程

（一）搭设高度 24m 及以上的落地式钢管脚手架工程（包括采光井、电梯井脚手架）。

（二）附着式升降脚手架工程或附着式升降操作平台工程。

（三）悬挑式脚手架工程。

（四）高处作业吊篮工程。

（五）卸料平台、操作平台工程。

（六）异型脚手架工程。

五、拆除工程

可能影响行人、交通、电力设施、通信设施及其他公共设施或其他建、构筑物安全的拆除工程。

六、暗挖工程

采用矿山法、盾构法、顶管法或箱涵顶进法施工的隧道、洞室工程。

七、其他

（一）建筑幕墙安装工程。

（二）钢结构、网架和索膜结构安装工程。

（三）人工挖孔桩工程。

（四）水下作业工程。

（五）地下隧道注浆帷幕工程。

（六）冻结法工程。

（七）装配式建筑混凝土预制构件安装工程。

（八）无梁楼盖结构地下室顶板上的土方回填工程。

（九）厚度大于 1.5m 的底板钢筋支撑工程。

（十）含有有限空间作业的分部分项工程。

（十一）采用新技术、新工艺、新材料、新设备可能影响工程施工安全，尚无国家、行业及地方技术标准的分部分项工程。

附件 2 超过一定规模的危险性较大的分部分项工程范围

一、深基坑工程

（一）开挖深度超过 5m（含 5m）的基坑（槽）的土方开挖、支护、降水工程。

（二）开挖深度虽未超过 5m，但地质条件和（或）周边环境条件复杂的基坑（槽）（符合《建筑基坑支护技术规程》DB11/489 基坑侧壁安全等级一、二级判断标准）的土方开挖、支护、降水工程。

二、模板工程及支撑体系

（一）各类工具式模板工程：包括滑模、爬模、飞模、隧道模等工程。

（二）混凝土模板支撑工程：搭设高度 8m 及以上，或搭设跨度 18m 及以上，或施工总荷载（设计值）15kN/m^2 及以上，或集中线荷载（设计值）20kN/m 及以上。

（三）承重支撑体系：用于钢结构安装等满堂支撑体系，承受单点集中荷载7kN及以上。

三、起重吊装及起重机械安装拆卸工程

（一）采用非常规起重设备、方法，且单件起吊重量在100kN及以上的起重吊装工程。

非常规起重设备、方法包括：采用自制起重设备、设施进行起重作业；2台（或以上）起重设备联合作业；流动式起重机带载行走；采用滑排、滑轨、滚杠、地牛等措施进行水平位移；采用绞磨、卷扬机、葫芦或者液压千斤顶等方式进行提升；人力起重工程。

（二）起重量300kN及以上，或搭设总高度200m及以上，或搭设基础标高在200m及以上的起重机械安装和拆卸工程。

（三）采用非说明书中基础形式或附墙形式进行安装的施工升降机安装工程。

（四）外挂式塔式起重机安装和拆卸工程。

（五）使用屋面吊进行拆卸的塔式起重机拆卸工程。

（六）架桥机安装和拆卸工程，使用架桥机进行的桥梁安装工程。

（七）施工现场4台（或以上）塔式起重机起重臂回转半径覆盖范围内有公共交叉区域的群塔作业工程。

四、脚手架工程

（一）搭设高度50m及以上的落地式钢管脚手架工程。

（二）附着式升降脚手架工程或附着式升降操作平台工程。

（三）分段架体搭设高度20m及以上的悬挑式脚手架工程。

（四）用于装饰装修及机电安装施工的吊挂平台操作架及索网式脚手架工程。

（五）搭设高度50m及以上的落地运输接料平台架工程。

（六）无法按标准规范要求设置连墙件或立杆无法正常落地等异型脚手架工程。

（七）无法按照产品说明书中参数及安装要求安装的高处作业吊篮工程。

五、拆除工程

（一）码头、桥梁、高架、烟囱、水塔或拆除中容易引起有毒有害气（液）体或粉尘扩散、易燃易爆事故发生的特殊建、构筑物的拆除工程。

（二）文物保护建筑、优秀历史建筑或历史文化风貌区影响范围内的拆除工程。

（三）待拆建、构筑物高度在10m及以上或建筑面积在1000m^{2}及以上，可能影响行人、交通、电力设施、通信设施及其他公共设施或其他建、构筑物安全的拆除工程。

六、暗挖工程

采用矿山法、盾构法、顶管法或顶进箱涵法施工的隧道、洞室工程。

七、钢结构、网架和索膜结构安装工程

（一）安装高度100m及以上的钢结构安装工程。

（二）跨度36m或悬挑18m及以上的钢结构安装工程，或跨度60m及以上的网架和索膜安装工程。

（三）采用整体提升、顶升、平移（滑移）、转体，或安装净空高度18m及以上高空散装法施工的钢结构安装工程。

（四）单个构件或单元采用双机或多机抬吊施工的钢结构安装工程。

（五）采用分段、分条、分块安装，临时承重支架高度超过18m或其受力超过50kN的钢结构工程。

八、其他

（一）施工高度50m及以上的建筑幕墙安装工程。

（二）开挖深度5m及以上的人工挖孔桩工程。

（三）水下作业工程。

（四）地下隧道注浆帷幕工程。

（五）冻结法工程。

（六）重量1000kN及以上的大型结构整体顶升、平移、转体等施工工艺。

（七）采用新技术、新工艺、新材料、新设备可能影响工程施工安全，尚无国家、行业及地方技术标准的分部分项工程。

附件3　危险性较大的分部分项工程清单

一、危险性较大的分部分项工程	如涉及请在括号里打√
（一）基坑工程	
1.开挖深度超过3m（含3m）的基坑（槽）的土方开挖、支护、降水工程	（　）
2.开挖深度虽未超过3m，但地质条件和（或）周边环境条件复杂的基坑（槽）（符合《建筑基坑支护技术规程》DB11/489基坑侧壁安全等级一、二级判断标准）的土方开挖、支护、降水工程	（　）
（二）模板工程及支撑体系	
1.各类工具式模板工程：包括滑模、爬模、飞模、隧道模等工程	（　）
2.混凝土模板支撑工程：搭设高度5m及以上，或搭设跨度10m及以上，或施工总荷载（荷载效应基本组合的设计值，以下简称设计值）10kN/m² 及以上，或集中线荷载（设计值）15kN/m及以上，或高度大于支撑水平投影宽度且相对独立无联系构件的混凝土模板支撑工程	（　）
3.承重支撑体系：用于钢结构安装等满堂支撑体系	（　）
（三）起重吊装及起重机械安装拆卸工程	
1.采用非常规起重设备、方法，且单件起吊重量在10kN及以上的起重吊装工程	（　）

一、危险性较大的分部分项工程	如涉及请在括号里打√
2. 采用起重机械进行安装的工程	（　）
3. 起重机械安装和拆卸工程	（　）
4. 施工现场 2 台（或以上）起重机械存在相互干扰的多台多机种作业工程	（　）
5. 装配式建筑构件吊装工程	（　）
（四）脚手架工程	
1. 搭设高度 24m 及以上的落地式钢管脚手架工程（包括采光井、电梯井脚手架）	（　）
2. 附着式升降脚手架工程或附着式升降操作平台工程	（　）
3. 悬挑式脚手架工程	（　）
4. 高处作业吊篮工程	（　）
5. 卸料平台、操作平台工程	（　）
6. 异型脚手架工程	（　）
（五）拆除工程	
可能影响行人、交通、电力设施、通信设施及其他公共设施或其他建、构筑物安全的拆除工程	（　）
（六）暗挖工程	
采用矿山法、盾构法、顶管法或箱涵顶进法施工的隧道、洞室工程	（　）
（七）其他	
1. 建筑幕墙安装工程	（　）
2. 钢结构、网架和索膜结构安装工程	（　）
3. 人工挖孔桩工程	（　）
4. 水下作业工程	（　）
5. 地下隧道注浆帷幕工程	（　）
6. 冻结法工程	（　）
7. 装配式建筑混凝土预制构件安装工程	（　）
8. 无梁楼盖结构地下室顶板上的土方回填工程	（　）
9. 厚度大于 1.5m 的底板钢筋支撑工程	（　）
10. 含有有限空间作业的分部分项工程	（　）
11. 采用新技术、新工艺、新材料、新设备可能影响工程施工安全，尚无国家、行业及地方技术标准的分部分项工程	（　）
二、超过一定规模的危险性较大的分部分项工程	如涉及请在括号里打√
（一）深基坑工程	
1. 开挖深度超过 5m（含 5m）的基坑（槽）的土方开挖、支护、降水工程	（　）
2. 开挖深度虽未超过 5m，但地质条件和（或）周边环境条件复杂的基坑（槽）（符合《建筑基坑支护技术规程》DB11/489 基坑侧壁安全等级一、二级判断标准）的土方开挖、支护、降水工程	（　）

二、超过一定规模的危险性较大的分部分项工程	如涉及请在括号里打√
(二)模板工程及支撑体系	
1. 各类工具式模板工程：包括滑模、爬模、飞模、隧道模等工程	（　　）
2. 混凝土模板支撑工程：搭设高度 8m 及以上，或搭设跨度 18m 及以上，或施工总荷载（设计值）15kN/m² 及以上，或集中线荷载（设计值）20kN/m 及以上	（　　）
3. 承重支撑体系：用于钢结构安装等满堂支撑体系，承受单点集中荷载 7kN 及以上	（　　）
(三)起重吊装及起重机械安装拆卸工程	
1. 采用非常规起重设备、方法，且单件起吊重量在 100kN 及以上的起重吊装工程	（　　）
2. 起重量 300kN 及以上，或搭设总高度 200m 及以上，或搭设基础标高在 200m 及以上的起重机械安装和拆卸工程	（　　）
3. 采用非说明书中基础形式或附墙形式进行安装的施工升降机安装工程	（　　）
4. 外挂式塔式起重机安装和拆卸工程	（　　）
5. 使用屋面吊进行拆卸的塔式起重机拆卸工程	（　　）
6. 架桥机安装和拆卸工程，使用架桥机进行的桥梁安装工程	（　　）
7. 施工现场 4 台（或以上）塔式起重机起重臂回转半径覆盖范围内有公共交叉区域的群塔作业工程	（　　）
(四)脚手架工程	
1. 搭设高度 50m 及以上的落地式钢管脚手架工程	（　　）
2. 附着式升降脚手架工程或附着式升降操作平台工程	（　　）
3. 分段架体搭设高度 20m 及以上的悬挑式脚手架工程	（　　）
4. 用于装饰装修及机电安装施工的吊挂平台操作架及索网式脚手架工程	（　　）
5. 搭设高度 50m 及以上的落地运输接料平台架工程	（　　）
6. 无法按标准规范要求设置连墙件或立杆无法正常落地等异型脚手架工程	（　　）
7. 无法按照产品说明书中参数及安装要求安装的高处作业吊篮工程	（　　）
(五)拆除工程	
1. 码头、桥梁、高架、烟囱、水塔或拆除中容易引起有毒有害气（液）体或粉尘扩散、易燃易爆事故发生的特殊建、构筑物的拆除工程	（　　）
2. 文物保护建筑、优秀历史建筑或历史文化风貌区影响范围内的拆除工程	（　　）
3. 待拆建、构筑物高度在 10m 及以上或建筑面积在 1000m² 及以上，可能影响行人、交通、电力设施、通信设施及其他公共设施或其他建、构筑物安全的拆除工程	（　　）
(六)暗挖工程	
采用矿山法、盾构法、顶管法或顶进箱涵法施工的隧道、洞室工程	（　　）
(七)钢结构、网架和索膜结构安装工程	
1. 安装高度 100m 及以上的钢结构安装工程	（　　）
2. 跨度 36m 或悬挑 18m 及以上的钢结构安装工程，或跨度 60m 及以上的网架和索膜结构安装工程	（　　）

二、超过一定规模的危险性较大的分部分项工程	如涉及请在括号里打√
3. 采用整体提升、顶升、平移(滑移)、转体,或安装净空高度 18m 及以上高空散装法施工的钢结构安装工程	( )
4. 单个构件或单元采用双机或多机抬吊施工的钢结构安装工程	( )
5. 采用分段、分条、分块安装,临时承重支架高度超过 18m 或其受力超过 50kN 的钢结构工程	( )
(八)其他	
1. 施工高度 50m 及以上的建筑幕墙安装工程	( )
2. 开挖深度 5m 及以上的人工挖孔桩工程	( )
3. 水下作业工程	( )
4. 地下隧道注浆帷幕工程	( )
5. 冻结法工程	( )
6. 重量 1000kN 及以上的大型结构整体顶升、平移、转体等施工工艺	( )
7. 采用新技术、新工艺、新材料、新设备可能影响工程施工安全,尚无国家、行业及地方技术标准的分部分项工程	( )
我单位承诺将严格落实并督促勘察单位、设计单位、施工单位、监理单位、监测单位严格落实《危险性较大的分部分项工程安全管理规定》《住房城乡建设部办公厅关于实施〈危险性较大的分部分项工程安全管理规定〉有关问题的通知》和《北京市房屋建筑和市政基础设施工程危险性较大的分部分项工程安全管理实施细则》及有关规定,切实履行参建各方危险性较大的分部分项工程安全管理责任	建设单位(盖章)

注:本表由建设单位填报,建设单位、勘察单位、设计单位、施工单位、监理单位、监测单位各存一份。

附件 4   危险性较大的分部分项工程汇总表

危险性较大的分部分项工程汇总表 AQ-C1-2		编号	
工程名称			
施工单位		监理单位	

一、危险性较大的分部分项工程	如涉及请在括号里打√
(一)基坑工程	
1. 开挖深度超过 3m(含 3m)的基坑(槽)的土方开挖、支护、降水工程	( )
2. 开挖深度虽未超过 3m,但地质条件和(或)周边环境条件复杂的基坑(槽)(符合《建筑基坑支护技术规程》DB11/489 基坑侧壁安全等级一、二级判断标准)的土方开挖、支护、降水工程	( )
(二)模板工程及支撑体系	
1. 各类工具式模板工程:包括滑模、爬模、飞模、隧道模等工程	( )
2. 混凝土模板支撑工程:搭设高度 5m 及以上,或搭设跨度 10m 及以上,或施工总荷载(荷载效应基本组合的设计值,以下简称设计值)10kN/m^2 及以上,或集中线荷载(设计值)15kN/m 及以上,或高度大于支撑水平投影宽度且相对独立无联系构件的混凝土模板支撑工程	( )

一、危险性较大的分部分项工程	如涉及请在括号里打√
3. 承重支撑体系:用于钢结构安装等满堂支撑体系	（　　）
（三）起重吊装及起重机械安装拆卸工程	
1. 采用非常规起重设备、方法,且单件起吊重量在 10kN 及以上的起重吊装工程	（　　）
2. 采用起重机械进行安装的工程	（　　）
3. 起重机械安装和拆卸工程	（　　）
4. 施工现场 2 台(或以上)起重机械存在相互干扰的多台多机种作业工程	（　　）
5. 装配式建筑构件吊装工程	
（四）脚手架工程	
1. 搭设高度 24m 及以上的落地式钢管脚手架工程(包括采光井、电梯井脚手架)	（　　）
2. 附着式升降脚手架工程或附着式升降操作平台工程	（　　）
3. 悬挑式脚手架工程	（　　）
4. 高处作业吊篮工程	（　　）
5. 卸料平台、操作平台工程	（　　）
6. 异型脚手架工程	（　　）
（五）拆除工程	
可能影响行人、交通、电力设施、通信设施及其他公共设施或其他建、构筑物安全的拆除工程	（　　）
（六）暗挖工程	
采用矿山法、盾构法、顶管法或箱涵顶进法施工的隧道、洞室工程	（　　）
（七）其他	
1. 建筑幕墙安装工程	（　　）
2. 钢结构、网架和索膜结构安装工程	（　　）
3. 人工挖孔桩工程	（　　）
4. 水下作业工程	（　　）
5. 地下隧道注浆帷幕工程	（　　）
6. 冻结法工程	（　　）
7. 装配式建筑混凝土预制构件安装工程	（　　）
8. 无梁楼盖结构地下室顶板上的土方回填工程	
9. 厚度大于 1.5m 的底板钢筋支撑工程	（　　）
10. 含有有限空间作业的分部分项工程	（　　）
11. 采用新技术、新工艺、新材料、新设备可能影响工程施工安全,尚无国家、行业及地方技术标准的分部分项工程	（　　）

二、超过一定规模的危险性较大的分部分项工程	如涉及请在括号里打√
（一）深基坑工程	
1. 开挖深度超过 5m（含 5m）的基坑（槽）的土方开挖、支护、降水工程	（　）
2. 开挖深度虽未超过 5m，但地质条件和（或）周边环境条件复杂的基坑（槽）[符合《建筑基坑支护技术规程》(DB 11/489)基坑侧壁安全等级一、二级判断标准]的土方开挖、支护、降水工程	（　）
（二）模板工程及支撑体系	
1. 各类工具式模板工程：包括滑模、爬模、飞模、隧道模等工程	（　）
2. 混凝土模板支撑工程：搭设高度 8m 及以上，或搭设跨度 18m 及以上，或施工总荷载（设计值）15kN/m² 及以上，或集中线荷载（设计值）20kN/m 及以上	（　）
3. 承重支撑体系：用于钢结构安装等满堂支撑体系，承受单点集中荷载 7kN 及以上	（　）
（三）起重吊装及起重机械安装拆卸工程	
1. 采用非常规起重设备、方法，且单件起吊重量在 100kN 及以上的起重吊装工程	（　）
2. 起重量 300kN 及以上，或搭设总高度 200m 及以上，或搭设基础标高在 200m 及以上的起重机械安装和拆卸工程	（　）
3. 采用非说明书中基础形式或附墙形式进行安装的施工升降机安装工程	（　）
4. 外挂式塔式起重机安装和拆卸工程	（　）
5. 使用屋面吊进行拆卸的塔式起重机拆卸工程	（　）
6. 架桥机安装和拆卸工程，使用架桥机进行的桥梁安装工程	（　）
7. 施工现场 4 台（或以上）塔式起重机起重臂回转半径覆盖范围内有公共交叉区域的群塔作业工程	（　）
（四）脚手架工程	
1. 搭设高度 50m 及以上的落地式钢管脚手架工程	（　）
2. 附着式升降脚手架工程或附着式升降操作平台工程	（　）
3. 分段架体搭设高度 20m 及以上的悬挑式脚手架工程	（　）
4. 用于装饰装修及机电安装施工的吊挂平台操作架及索网式脚手架工程	（　）
5. 搭设高度 50m 及以上的落地运输接料平台架工程	（　）
6. 无法按标准规范要求设置连墙件或立杆无法正常落地等异型脚手架工程	（　）
7. 无法按照产品说明书中参数及安装要求安装的高处作业吊篮工程	（　）
（五）拆除工程	
1. 码头、桥梁、高架、烟囱、水塔或拆除中容易引起有毒有害气（液）体或粉尘扩散、易燃易爆事故发生的特殊建、构筑物的拆除工程	（　）
2. 文物保护建筑、优秀历史建筑或历史文化风貌区影响范围内的拆除工程	（　）
3. 待拆建、构筑物高度在 10m 及以上或建筑面积在 1000m² 及以上，可能影响行人、交通、电力设施、通信设施及其他公共设施或其他建、构筑物安全的拆除工程	（　）

二、超过一定规模的危险性较大的分部分项工程	如涉及请在括号里打√
（六）暗挖工程	
采用矿山法、盾构法、顶管法或顶进箱涵法施工的隧道、洞室工程	（ ）
（七）钢结构、网架和索膜结构安装工程	
1. 安装高度 100m 及以上的钢结构安装工程	（ ）
2. 跨度 36m 或悬挑 18m 及以上的钢结构安装工程，或跨度 60m 及以上的网架和索膜安装工程	（ ）
3. 采用整体提升、顶升、平移（滑移）、转体，或安装净空高度 18m 及以上高空散装法施工的钢结构安装工程	（ ）
4. 单个构件或单元采用双机或多机抬吊施工的钢结构安装工程	（ ）
5. 采用分段、分条、分块安装，临时承重支架高度超过 18m 或其受力超过 50kN 的钢结构工程	（ ）
（八）其他	
1. 施工高度 50m 及以上的建筑幕墙安装工程	（ ）
2. 开挖深度 5m 及以上的人工挖孔桩工程	（ ）
3. 水下作业工程	（ ）
4. 地下隧道注浆帷幕工程	（ ）
5. 冻结法工程	（ ）
6. 重量 1000kN 及以上的大型结构整体顶升、平移、转体等施工工艺	（ ）
7. 采用新技术、新工艺、新材料、新设备可能影响工程施工安全，尚无国家、行业及地方技术标准的分部分项工程	（ ）

附件5　危险性较大的分部分项工程专家论证报告

危险性较大的分部分项工程专家论证报告 表 AQ-C1-3		编号	
工程名称		施工许可手续编号	
施工总承包单位		监理单位	
专业分包单位		其他单位	

危险性较大的分部分项工程专家论证报告 表 AQ-C1-3		编号	
超过一定规模的危大工程名称			
超过一定规模的危大工程类别			

专家组长信息

姓名	工作单位	专业	证书编号

专家信息

姓名	工作单位	专业	证书编号

论证意见:

本工程关键节点:

论证结论:通过□　　修改后通过□　　不通过□

专家组长签字:　　　专家签字:

(论证专用章)

年　月　日

项目负责人签字:
年　月　日

注:本表由施工单位填报,建设单位、监理单位、施工单位各存一份。

附件6 危险性较大的分部分项工程相关违法违规行为认定标准

《危险性较大的分部分项工程安全管理规定》主要条款	违法违规行为	认定条件		认定标准
第三十二条 施工单位未按照本规定编制并审核危大工程专项施工方案的,依照《建设工程安全生产管理条例》对单位进行处罚,并暂扣安全生产许可证30日;对直接负责的主管人员和其他直接责任人员处1000元以上5000元以下的罚款。	未按照本规定编制并审核危大工程专项施工方案	条件1	危大工程已开始施工	一、同时满足条件1和条件2,并满足条件3~条件7的一项或多项,认定为:施工总承包单位违反《危险性较大的分部分项工程安全管理规定》第三十二条"施工单位未按照本规定编制并审核危大工程专项施工方案"。
		条件2	专项施工方案由施工总承包单位组织编制	
		条件3	施工总承包单位无法提供专项施工方案	
		条件4	施工总承包单位提供了专项施工方案,但专项施工方案无编制人员签字	
		条件5	施工总承包单位提供了专项施工方案,但专项施工方案无施工总承包单位技术负责人审核签字	
		条件6	施工总承包单位提供了专项施工方案,但专项施工方案未加盖施工总承包单位公章	
		条件7	提供的专项施工方案主要内容违反本细则第十七条要求,有严重缺项	
		条件8	危大工程实行专业分包,专项施工方案由专业分包单位组织编制	二、同时满足条件1和条件8,并满足条件9~条件15的一项或多项,认定为:施工总承包单位或专业分包单位违反《危险性较大的分部分项工程安全管理规定》第三十二条"施工单位未按照本规定编制并审核危大工程专项施工方案"。
		条件9	施工总承包单位和专业分包单位均无法提供专项施工方案	
		条件10	施工总承包单位或专业分包单位提供了专项施工方案,但专项施工方案无编制人员签字	
		条件11	施工总承包单位或专业分包单位提供了专项施工方案,但专项施工方案无专业分包单位技术负责人审核签字	
		条件12	施工总承包单位或专业分包单位提供了专项施工方案,但专项施工方案无施工总承包单位技术负责人审核签字	
		条件13	施工总承包单位或专业分包单位提供了专项施工方案,但专项施工方案未加盖专业分包单位公章	
		条件14	施工总承包单位或专业分包单位提供了专项施工方案,但专项施工方案未加盖施工总承包单位公章	
		条件15	提供的专项施工方案主要内容违反本细则第十七条要求,有严重缺项	

《危险性较大的分部分项工程安全管理规定》主要条款	违法违规行为	认定条件		认定标准
第三十二条 施工单位未按照本规定编制并审核危大工程专项施工方案的,依照《建设工程安全生产管理条例》对单位进行处罚,并暂扣安全生产许可证 30 日;对直接负责的主管人员和其他直接责任人员处 1000 元以上 5000 元以下的罚款。	未按照本规定编制并审核危大工程专项施工方案	条件 16	危大工程实行专业承包	三、同时满足条件 1 和条件 16,并满足条件 17～条件 24 的一项或多项,认定为:专业承包单位违反《危险性较大的分部分项工程安全管理规定》第三十二条"施工单位未按照本规定编制并审核危大工程专项施工方案"。
		条件 17	专业承包单位无法提供专项施工方案	
		条件 18	专业承包单位提供了专项施工方案,但专项施工方案无编制人员签字	
		条件 19	专业承包单位提供了专项施工方案,但专项施工方案无专业承包单位技术负责人审核签字	
		条件 20	专业承包单位提供了专项施工方案,但专项施工方案无建设单位技术负责人审核签字	
		条件 21	专业承包单位提供了专项施工方案,但专项施工方案未加盖专业承包单位公章	
		条件 22	专业承包单位提供了专项施工方案,但专项施工方案未加盖建设单位公章	
		条件 23	专业承包单位提供了专项施工方案,但专项施工方案无施工总承包单位技术负责人审核签字	
		条件 24	提供的专项施工方案主要内容违反本细则第十七条要求,有严重缺项	
第三十四条 施工单位有下列行为之一的,责令限期改正,处 1 万元以上 3 万元以下的罚款,并暂扣安全生产许可证 30 日;对直接负责的主管人员和其他直接责任人员处 1000 元以上 5000 元以下的罚款: (一)未对超过一定规模的危大工程专项施工方案进行专家论证的;	未对超过一定规模的危大工程专项施工方案进行专家论证	条件 1	超过一定规模的危大工程已开始施工	满足条件 1,并满足条件 2～条件 7 的一项或多项,认定为:施工单位违反《危险性较大的分部分项工程安全管理规定》第三十四条"施工单位未对超过一定规模的危大工程专项施工方案进行专家论证"。
		条件 2	施工单位无法提供《危险性较大的分部分项工程专家论证报告》、专家论证会会议签到表等相关资料	
		条件 3	施工单位提供了《危险性较大的分部分项工程专家论证报告》、专家论证会会议签到表等相关资料,但参加论证的专家未从专家库中选取	
		条件 4	施工单位提供了《危险性较大的分部分项工程专家论证报告》、专家论证会会议签到表等相关资料,但符合专业要求的专家人数少于 5 人	
		条件 5	施工单位提供了《危险性较大的分部分项工程专家论证报告》、专家论证会会议签到表等相关资料,但与工程存在利害关系的人员以专家身份参加专家论证会,违反本细则第二十条要求的	

《危险性较大的分部分项工程安全管理规定》主要条款	违法违规行为	认定条件		认定标准
第三十四条 (二)未根据专家论证报告对超过一定规模的危大工程专项施工方案进行修改,或者未按照本规定重新组织专家论证的; (三)未严格按照专项施工方案组织施工,或者擅自修改专项施工方案的。	未对超过一定规模的危大工程专项施工方案进行专家论证	条件6	施工单位提供了《危险性较大的分部分项工程专家论证报告》、专家论证会会议签到表等相关资料,但专家未参加专家论证会即在论证报告上签字	
		条件7	施工单位提供了《危险性较大的分部分项工程专家论证报告》、专家论证会会议签到表等相关资料,但专家由他人代签字	
	未根据专家论证报告对超过一定规模的危大工程专项施工方案进行修改	条件1	超过一定规模的危大工程已开始施工	同时满足条件1和条件2,并满足条件3~条件5的一项,认定为:施工单位违反《危险性较大的分部分项工程安全管理规定》第三十四条"施工单位未根据专家论证报告对超过一定规模的危大工程专项施工方案进行修改"。
		条件2	专项施工方案的论证结论为"修改后通过"	
		条件3	施工单位未根据论证报告对专项施工方案进行修改完善	
		条件4	施工单位根据论证报告对专项施工方案进行修改完善,但未重新履行本细则第十六条程序	
		条件5	施工单位根据论证报告对专项施工方案进行修改完善,且重新履行完本细则第十六条程序,但未经专家组长同意	
	未按照本规定重新组织专家论证	条件1	超过一定规模的危大工程已开始施工	同时满足条件1和条件2,并满足条件3~条件5的一项,认定为:施工单位违反《危险性较大的分部分项工程安全管理规定》第三十四条"施工单位未按照本规定重新组织专家论证"。
		条件2	专项施工方案的论证结论为"不通过"	
		条件3	施工单位未根据论证报告对专项施工方案进行修改完善	
		条件4	施工单位根据论证报告对专项施工方案进行修改完善,但未重新履行本细则第十六条程序	
		条件5	施工单位根据论证报告对专项施工方案进行修改完善,且重新履行完本细则第十六条程序,但未重新组织专家论证	
	未严格按照专项施工方案组织施工	条件1	危大工程已开始施工	同时满足条件1和条件2,并满足条件3~条件7的一项或多项,认定为:施工单位违反《危险性较大的分部分项工程安全管理规定》第三十四条"施工单位未严格按照专项施工方案组织施工"。
		条件2	施工单位未按照已履行完本细则第十六条程序的专项施工方案组织危大工程施工;或未按照已履行完本细则第十六条程序和专家论证程序的专项施工方案组织超过一定规模的危大工程施工	
		条件3	主要施工方法、工艺流程、技术参数不符合专项施工方案要求	
		条件4	主要施工机具、设备不符合专项施工方案要求	
		条件5	主要材料规格、型号等主要参数不符合专项施工方案要求	
		条件6	项目负责人或项目技术负责人与专项施工方案不一致,且未按规定变更	
		条件7	存在不符合专项施工方案要求并增加安全风险的其他情形	

续表

《危险性较大的分部分项工程安全管理规定》主要条款	违法违规行为		认定条件	认定标准
第三十四条 (三)未严格按照专项施工方案组织施工,或者擅自修改专项施工方案的。	擅自修改专项施工方案	条件1	危大工程已开始施工(擅自修改内容的部分)	同时满足条件1~条件3,认定为:施工单位违反《危险性较大的分部分项工程安全管理规定》第三十四条"施工单位擅自修改专项施工方案"。
		条件2	施工单位对已履行完本细则第十六条程序的危大工程专项施工方案、或已履行完本细则第十六条程序和专家论证程序的超过一定规模的危大工程专项施工方案进行擅自修改,且未重新履行上述程序	
		条件3	专项施工方案擅自修改的内容,存在以下一项或多项:(1)主要施工方法、工艺流程、技术参数;(2)主要施工机具、设备;(3)主要材料规格、型号等主要参数;(4)项目负责人或项目技术负责人,且未按规定变更;(5)其他擅自修改并增加安全风险的内容	
第三十六条 监理单位有下列行为之一的,依照《中华人民共和国安全生产法》《建设工程安全生产管理条例》对单位进行处罚;对直接负责的主管人员和其他直接责任人员处1000元以上5000元以下的罚款: (一)总监理工程师未按照本规定审查危大工程专项施工方案的;	总监理工程师未按照本规定审查危大工程专项施工方案	条件1	危大工程已开始施工	满足条件1,并满足条件2~条件6的一项或多项,认定为:监理单位违反《危险性较大的分部分项工程安全管理规定》第三十六条"总监理工程师未按照本规定审查危大工程专项施工方案"。
		条件2	专项施工方案已由施工单位技术负责人审核签字、加盖单位公章,但无专业监理工程师审查签字	
		条件3	专项施工方案已由施工单位技术负责人审核签字、加盖单位公章,但无总监理工程师审查签字	
		条件4	专项施工方案已由施工单位技术负责人审核签字、加盖单位公章,但未加盖总监理工程师执业印章	
		条件5	专项施工方案的论证结论为"修改后通过",施工单位已根据论证报告对专项施工方案进行修改完善,且施工单位技术负责人已审核签字、加盖单位公章后,专业监理工程师和总监理工程师未审查签字,或专业监理工程师和总监理工程师已审查签字但未加盖总监理工程师执业印章	
		条件6	专项施工方案的论证结论为"不通过",施工单位已根据论证报告对专项施工方案进行修改完善,且施工单位技术负责人已审核签字、加盖单位公章后,专业监理工程师和总监理工程师未审查签字,或专业监理工程师和总监理工程师已审查签字但未加盖总监理工程师执业印章	

《危险性较大的分部分项工程安全管理规定》主要条款	违法违规行为	认定条件		认定标准
第三十六条 （二）发现施工单位未按照专项施工方案实施，未要求其整改或者停工的； （三）施工单位拒不整改或者不停止施工时，未向建设单位和工程所在地住房城乡建设主管部门报告的。	发现施工单位未按照专项施工方案实施，未要求其整改	条件1	施工单位未按照已履行完本细则第十六条程序的专项施工方案组织危大工程施工；或未按照已履行完本细则第十六条程序和专家论证程序的专项施工方案组织超过一定规模的危大工程施工，但无法按照本认定标准认定为施工单位"未严格按照专项施工方案组织施工"	同时满足条件1和条件2，认定为：监理单位违反《危险性较大的分部分项工程安全管理规定》第三十六条"监理单位发现施工单位未按照专项施工方案实施，未要求其整改"。
		条件2	监理单位发现，但未发出工作联系单或监理通知等书面指令要求	
	发现施工单位未按照专项施工方案实施，未要求其停工的	条件1	按照本认定标准，认定为施工单位"未严格按照专项施工方案组织施工"（情节严重情形）	满足条件1，并满足条件2和条件3的一项，认定为：监理单位违反《危险性较大的分部分项工程安全管理规定》第三十六条"监理单位发现施工单位未按照专项施工方案实施，未要求其停工"。
		条件2	监理单位发现，但未发出工程暂停令等书面指令要求	
		条件3	监理单位发现，且发出工程暂停令等书面指令要求，但未书面报告建设单位	
	施工单位拒不整改时，未向建设单位和工程所在地住房城乡建设主管部门报告	条件1	施工单位未按照已履行完本细则第十六条程序的专项施工方案组织危大工程施工；或未按照已履行完本细则第十六条程序和专家论证程序的专项施工方案组织超过一定规模的危大工程施工，但无法按照本认定标准认定为施工单位"未严格按照专项施工方案组织施工"	同时满足条件1~条件4，认定为：监理单位违反《危险性较大的分部分项工程安全管理规定》第三十六条"施工单位拒不整改时，监理单位未向建设单位和工程所在地住房城乡建设主管部门报告"。
		条件2	监理单位发现，并发出工作联系单或监理通知等书面指令要求	
		条件3	施工单位接收到书面指令要求，但拒绝采取整改措施	
		条件4	监理单位未向建设单位和工程所在地区住房城乡建设主管部门发出监理报告等书面报告	
	施工单位拒不停止施工时，未向建设单位和工程所在地住房城乡建设主管部门报告	条件1	按照本认定标准，认定为施工单位"未严格按照专项施工方案组织施工"（情节严重情形）	同时满足条件1~条件4，认定为：监理单位违反《危险性较大的分部分项工程安全管理规定》第三十六条"施工单位拒不停止施工时，监理单位未向建设单位和工程所在地住房城乡建设主管部门报告"。
		条件2	监理单位发现，并发出工程暂停令等书面指令要求	
		条件3	施工单位接收到书面指令要求，但拒绝暂停施工	
		条件4	监理单位未向建设单位和工程所在地区住房城乡建设主管部门发出监理报告等书面报告	

《危险性较大的分部分项工程安全管理规定》主要条款	违法违规行为	认定条件		认定标准
第三十七条　监理单位有下列行为之一的,责令限期改正,并处1万元以上3万元以下的罚款;对直接负责的主管人员和其他直接责任人员处1000元以上5000元以下的罚款: (一)未按照本规定编制监理实施细则的; (二)未对危大工程施工实施专项巡视检查的; (三)未按照本规定参与组织危大工程验收的; (四)未按照本规定建立危大工程安全管理档案的	未按照本规定编制监理实施细则	条件1	危大工程已开始施工	满足条件1,并满足条件2～条件4的一项或多项,认定为:监理单位违反《危险性较大的分部分项工程安全管理规定》第三十七条"监理单位未按照本规定编制监理实施细则"。
		条件2	监理单位未对应危大工程专项施工方案编制监理实施细则	
		条件3	监理实施细则的编审程序和签字人不符合相关规定	
		条件4	监理实施细则与工程项目实际情况严重不符	
	未对危大工程施工实施专项巡视检查	条件1	危大工程已开始施工	满足条件1,并满足条件2～条件4的一项或多项,认定为:监理单位违反《危险性较大的分部分项工程安全管理规定》第三十七条"监理单位未对危大工程施工实施专项巡视检查"。
		条件2	监理单位未对危大工程施工实施专项巡视检查,并填写专项巡视检查记录	
		条件3	专项巡视检查频率不符合监理实施细则或严重不符合相关标准	
		条件4	专项巡视检查记录无巡视人员签字	
	未按照本规定参与组织危大工程验收	条件1	危大工程已开始施工	同时满足条件1和条件2,并满足条件3～条件6的一项或多项,认定为:监理单位违反《危险性较大的分部分项工程安全管理规定》第三十七条"监理单位未按照本规定参与组织危大工程验收"。
		条件2	危大工程按照规定需要验收	
		条件3	施工单位组织相关人员进行验收,监理单位未参与组织	
		条件4	施工单位未组织相关人员进行验收,监理单位未督促施工单位组织	
		条件5	参与验收的人员不符合本细则第三十六条要求	
		条件6	验收合格的,施工单位项目技术负责人签字确认后,总监理工程师未签字确认	
	未按照本规定建立危大工程安全管理档案	条件1	监理单位无法按照本细则第四十条要求,提供齐全的危大工程安全管理档案	满足条件1或条件2的一项,认定为:监理单位违反《危险性较大的分部分项工程安全管理规定》第三十七条"监理单位未按照本规定建立危大工程安全管理档案"。
		条件2	危大工程安全管理档案未单独建档	

录四 安全警示标志牌及其使用部位

安全警示标志牌及其使用部位

一、常用禁止标志牌及使用部位

标志	使用部位	标志	使用部位	标志	使用部位
禁止烟火 1—1	仓库内外、室内,木材加工场、木材及易燃物品堆放处醒目的地方	检理时禁止转动 1—7	卷扬机、电锯、电刨、搅拌机、钢筋调直机、弯切机周围醒目处	禁止明火作业 1—13	同1—1
禁止吸烟 1—2	同1—1	运转时禁止加油 1—8	同1—7	禁止触摸 1—14	卷扬机、搅拌机、电锯、电刨、钢筋弯切机、变压器等机械转动部位及有电处
禁带火种 1—3	同1—1	禁止通行 1—9	提升架进料口处,卷扬机钢丝绳运行处,坑槽、预留洞口边缘处,提升架塔吊、脚手架装拆警戒线处	禁止攀登 1—15	龙门架、井字架、脚手架、高压电杆、变压器等醒目处
禁止用水灭火 1—4	发电机房、变电配电房室内外、大型电器设备旁醒目处	禁止跨越 1—10	卷扬机钢丝绳运行处,坑槽、预留洞口边缘处,有禁止通告的安全防护栏杆处	禁止停留 1—16	卷扬机钢丝绳运行处,起重机操作现场、提升架脚手架、塔吊装拆警戒线处,现场非安全通道处,预应力张拉现场
禁放易燃物 1—5	发电机房、变电配电房、仓库、木工加工场等室内外醒目处	禁止堆放 1—11	配电箱处、安全通道处、消防通道处、楼梯处、深基坑边、挖孔桩井口边	禁止吊篮乘人 1—17	龙门架、井字架、进料口上方
禁止启动 1—6	卷扬机,电锯,电刨,搅拌机,钢筋调直、弯切机,预应力张拉机等维修时在启动处悬挂	禁止抛物 1—12	安装模板、砌墙、外墙装饰、室内垃圾清理、高空作业等操作现场	禁止合闸 1—18	现场机械设备、电气线路维修时在配电箱或开关箱门上悬挂

二、常用警示标志牌及使用部位

标志	使用部位	标志	使用部位	标志	使用部位
注意安全 2—1	提升架进料口、坑槽边、通道口、交通路口、安全警戒线处、安全防护栏杆处、高空作业现场	当心扎脚 2—8	模板安装、拆除、堆放现场,钢筋加工堆放现场	当心弧光 2—15	电焊操作现场醒目处
当心火灾 2—2	有易燃气体、油料处。仓库内外、木工加工场、木材及易燃物品堆放处,电焊及明火作业现场,伙房处	当心伤手 2—9	同2—7	当心车辆 2—16	现场汽车出入大门处,现场内主要交叉口
当心爆炸 2—3	存放炸药的仓库,内外有煤气、氧气、乙炔气的场所醒目处	当心烫伤 2—10	沥青熬化处及使用操作现场	当心坑洞 2—17	挖孔桩井口边、基坑边、预留洞口边
当心腐蚀 2—4	存放、使用化学腐蚀物品的仓库、场所醒目处	当心吊物 2—11	吊机、井字架摇臂扒杆起吊物品操作范围边缘警戒线处	当心滑跌 2—18	楼梯口、脚手架斜坡道、现场斜坡道等醒目处
当心中毒 2—5	存放、使用化学有毒物品的仓库、场所醒目处	当心落物 2—12	建筑物底层醒目处	当心绊倒 2—19	同2—18
当心触电 2—6	总配电箱、分配电箱、开关箱、变压器、发电机等醒目处	当心坠落 2—13	建筑物五临边、预留洞口、电梯、井口、龙门架、井字架、楼层卸料平台处	当心电缆 2—20	电焊机、手持电动工具的电缆无法架空时,在现场醒目处悬挂
当心落物机械伤人 2—7	电锯、电刨、钢筋弯切机、搅拌机、卷扬机、切割机、预应力张拉机操作现场醒目处	当心塌方 2—14	基础上方开挖现场边坡处,港道施工现场		

三、常用指令标志牌及使用部位

标志	使用部位	标志	使用部位	标志	使用部位
必须戴安全帽 3—1	施工现场大门入口处、安全通道入口处、高空作业现场、楼层操作现场	必须系安全带 3—4	安全通道入口处、高空作业现场	必须戴防护眼镜 3—7	电焊焊接现场
必须戴防毒面具 3—2	焊铜、铝、锌、锡、铅等有色金属操作现场,防腐蚀工程作业现场	必须戴防护手套 3—5	电焊现场、混凝土施工现场、水磨石施工现场、化学及防腐蚀工程施工现场	必须穿防护鞋 3—8	混凝土施工现场、水磨石施工现场、潮湿现场、井下作业现场、化学及防腐蚀工程作业现场
必须戴防尘口罩 3—3	水泥仓库、混凝土砂浆搅拌现场	必须戴防护装置 3—6	不能随意拆除的安全网、安全挡板、安全栏杆处,有传动防护罩的机械现场		

四、常用指示标志牌及使用部位

标志	使用部位	标志	使用部位	标志	使用部位
太平门 4—1	有安全防护设施的通道口处、安全出入口	安全通道 4—3	有安全防护设施的通道口处	安全楼梯 4—5	有防护栏杆的楼梯口处
灭火器 4—2	灭火器周围	消防水带 4—4	消防箱周围	火警电话 4—6	现场办公室、宿舍、仓库醒目处

附录五 工程项目安全生产相关法律、行政法规、部门规及规范性文件

一、工程项目安全生产相关法律
- 中华人民共和国安全生产法
- 中华人民共和国建筑法
- 中华人民共和国消防法
- 中华人民共和国环境保护法
- 中华人民共和国特种设备安全法
- 中华人民共和国职业病防治法
- 中华人民共和国劳动法
- 中华人民共和国劳动合同法

二、工程项目安全生产相关行政法规
- 建设工程安全生产管理条例
- 生产安全事故报告和调查处理条例
- 安全生产许可证条例
- 特种设备安全监察条例
- 工伤保险条例
- 建设项目环境保护管理条例
- 国务院关于特大安全行政责任追究的规定
- 劳动保障监察条例
- 民用爆破物品安全管理条例
- 危险化学品安全管理条例

三、工程项目安全生产相关部门规章
- 建筑施工企业安全生产许可证管理规定
- 建筑起重机械安全监督管理规定
- 生产安全事故应急预案管理办法
- 建设工程消防监督管理规定
- 建筑施工特种作业人员管理规定
- 安全生产事故隐患排查治理暂行规定
- 安全生产培训管理办法
- 危险性较大的分部分项工程安全管理办法
- 建筑施工人员个人劳动保护用品使用管理暂行规定

▲ 特种作业人员安全技术培训考核管理规定

▲ 特种设备作业人员监督管理办法

四、国务院、住房和城乡建设部规范性文件

√ 国务院关于进一步加强安全生产工作的决定

√ 国务院关于进一步加强企业安全生产工作的通知

√ 建筑工程安全防护、文明施工措施费用及使用管理规定

√ 建筑施工人员个人劳动保护用品使用管理暂行规定

√ 建筑施工特种作业人员管理规定

√ 关于印发《房屋市政工程生产安全重大隐患排查治理挂牌督办暂行办法》的通知

√ 建筑起重机械备案登记办法

√ 建筑施工企业安全生产管理机构设置及专职安全生产管理人员配备办法

√ 危险性较大的分部分项工程安全管理办法

√ 建设工程高大模板支撑系统施工安全监督管理导则

√ 企业职工伤亡事故报告和处理规定

五、安全生产管理行业标准

(1) 安全管理类标准

序号	标准	序号	标准
1	特种作业人员安全技术考核管理规则	6	施工企业安全生产评价标准
2	企业职工伤亡事故分类标准	7	建筑施工作业劳动防护用品配备及使用标准
3	建筑施工企业安全生产管理规范	8	国家安全监管总局关于《企业安全生产标准化基本规范》的通知
4	职业健康安全管理体系审核规范	9	关于印发《企业安全生产费用提取和使用管理办法》的通知
5	建筑施工安全检查标准	10	职业健康安全管理体系规范

(2) 环境、文明施工类标准

序号	标准	序号	标准
1	安全色	5	建设工程施工现场消防安全技术规范
2	安全标志	6	建筑施工现场环境与卫生标准
3	建筑灭火器配置设计规范	7	施工现场临时建筑物技术规范
4	建筑灭火器配置验收及检查规范		

(3) 高处作业类标准

序号	标准	序号	标准
1	高处作业分级	4	安全带
2	安全帽	5	高处作业吊篮
3	安全网	6	建筑施工高处作业安全技术规范

(4) 脚手架和支撑类标准

序号	标准	序号	标准
1	钢管脚手架扣件	5	建筑施工木脚手架安全技术规范
2	扣件式钢管脚手架安全技术规范	6	建筑施工碗扣式钢管脚手架安全技术规范
3	建筑施工门式钢管脚手架安全技术规范	7	建筑施工工具式脚手架安全技术规范
4	建筑施工模板安全技术规范	8	建筑施工承插型盘扣式钢管支架安全技术规程

(5) 塔式起重机类标准

序号	标准	序号	标准
1	塔式起重机	5	塔式起重机混凝土基础工程技术规程
2	塔式起重机安全规程	6	建筑起重机械安全评估技术规程
3	起重机械用钢丝绳检验和报废实用规范	7	建筑施工塔式起重安装、使用、拆卸安全技术规程
4	塔式起重机操作使用规程	8	混凝土预制拼装塔机基础技术规程

(6) 施工升降机类标准

序号	标准	序号	标准
1	施工升降机	5	龙门架及井架物料提升机安全技术规范
2	施工升降机安全规程	6	建筑施工起重机械安全检测规程
3	起重设备安装工程施工及验收规范	7	建筑施工塔式起重机、施工升降机报废规程
4	建筑施工升降机安装、使用、拆卸安全技术规程		

(7) 施工用电、机具类标准

序号	标准	序号	标准
1	建设工程施工现场供电安全规范	5	施工现场机械设备检查技术规程
2	手持式电动工具的管理、使用、检查和维修安全技术规程	6	钢筋机械连接技术规程
3	建筑机械使用安全技术规程	7	预应力筋用锚具、夹具和连接器应用技术规程
4	施工现场临时用电安全技术规范		

（8）建筑基坑、土方、拆除类标准

序号	标准	序号	标准
1	爆破安全规程	3	湿陷性黄土地区建筑基坑工程安全技术规程
2	建筑拆除工程安全技术规范	4	建筑施工土石方工程安全技术规范

六、施工现场安全生产管理制度与操作规程

（1）施工现场安全生产管理类制度

- 安全生产资金保障制度
- 项目负责人现场带班制度
- 专项施工方案编审制度
- 安全生产技术交底制度
- 安全生产教育培训制度
- 安全生产检查制度
- 班组安全活动制度
- 安全生产责任制考核制度
- 危险源辨识与管理制度
- 应急救援制度
- 机械设备安全管理制度
- 临建设施安全管理制度
- 职业健康与劳动保护制度
- 劳动防护用品（具）管理制度
- 特种作业人员管理制度
- 生产安全事故报告制度
- 分包单位安全管理制度
- 文明施工管理制度
- 卫生管理制度
- 建筑工地集体食堂卫生管理制度
- 环境保护管理制度
- 消防防火制度
- 治安保卫制度
- 建筑工人业余学校管理制度
- 施工车辆管理制度
- 安全隐患排查制度
- 施工用电管理制度
- 绿色施工管理制度

(2) 施工现场安全技术操作规程

- 普通工安全技术操作规程
- 架子工安全技术操作规程
- 瓦工安全技术操作规程
- 抹灰工安全技术操作规程
- 木工安全技术操作规程
- 钢筋工安全技术操作规程
- 混凝土工安全技术操作规程
- 防水工安全技术操作规程
- 电工安全技术操作规程
- 通风工安全技术操作规程
- 电焊工安全技术操作规程
- 气焊工安全技术操作规程
- 起重安装工安全技术操作规程
- 起重司机安全技术操作规程
- 起重信号指挥安全技术操作规程
- 桩机操作工安全技术操作规程
- 机械维修工安全技术操作规程
- 中小型机械操作工安全技术操作规程
- 保温工安全技术操作规程
- 管工安全技术操作规程
- 钳工安全技术操作规程
- 油漆工安全技术操作规程
- 厂（场）内机动车司机安全技术操作规程
- 装卸工安全技术操作规程

工程质量安全手册

（试行）

住房城乡建设部

2018 年 9 月

目　录

1 总则

1.1 目的

完善企业质量安全管理体系，规范企业质量安全行为，落实企业主体责任，提高质量安全管理水平，保证工程质量安全，提高人民群众满意度，推动建筑业高质量发展。

1.2 编制依据

1.2.1 法律法规。

(1)《中华人民共和国建筑法》；

(2)《中华人民共和国安全生产法》；

(3)《中华人民共和国特种设备安全法》；

(4)《建设工程质量管理条例》；

(5)《建设工程勘察设计管理条例》；

(6)《建设工程安全生产管理条例》；

(7)《特种设备安全监察条例》；

(8)《安全生产许可证条例》；

(9)《生产安全事故报告和调查处理条例》等。

1.2.2 部门规章。

(1)《房屋建筑和市政基础设施工程施工图设计文件审查管理办法》（住房城乡建设部令第13号）；

(2)《建筑工程施工许可管理办法》（住房城乡建设部令第18号）；

(3)《建设工程质量检测管理办法》（建设部令第141号）；

(4)《房屋建筑和市政基础设施工程质量监督管理规定》（住房城乡建设部令第5号）；

(5)《房屋建筑和市政基础设施工程竣工验收备案管理办法》（住房城乡建设部令第2号）；

(6)《房屋建筑工程质量保修办法》（建设部令第80号）；

(7)《建筑施工企业安全生产许可证管理规定》（建设部令第128号）；

(8)《建筑起重机械安全监督管理规定》（建设部令第166号）；

(9)《建筑施工企业主要负责人、项目负责人和专职安全生产管理人员安全生产管理规定》（住房城乡建设部令第17号）；

(10)《危险性较大的分部分项工程安全管理规定》（住房城乡建设部令第37号）等。

1.2.3 有关规范性文件，有关工程建设标准、规范。

1.3 适用范围

房屋建筑和市政基础设施工程。

2 行为准则

2.1 基本要求

2.1.1 建设、勘察、设计、施工、监理、检测等单位依法对工程质量安全负责。

2.1.2 勘察、设计、施工、监理、检测等单位应当依法取得资质证书，并在其资质等级许可的范围内从事建设工程活动。施工单位应当取得安全生产许可证。

2.1.3 建设、勘察、设计、施工、监理等单位的法定代表人应当签署授权委托书，明确各自工程项目负责人。

项目负责人应当签署工程质量终身责任承诺书。

法定代表人和项目负责人在工程设计使用年限内对工程质量承担相应责任。

2.1.4 从事工程建设活动的专业技术人员应当在注册许可范围和聘用单位业务范围内从业，对签署技术文件的真实性和准确性负责，依法承担质量安全责任。

2.1.5 施工企业主要负责人、项目负责人及专职安全生产管理人员（以下简称"安管人员"）应当取得安全生产考核合格证书。

2.1.6 工程一线作业人员应当按照相关行业职业标准和规定经培训考核合格，特种作业人员应当取得特种作业操作资格证书。工程建设有关单位应当建立健全一线作业人员的职业教育、培训制度，定期开展职业技能培训。

2.1.7 建设、勘察、设计、施工、监理、监测等单位应当建立完善危险性较大的分部分项工程管理责任制，落实安全管理责任，严格按照相关规定实施危险性较大的分部分项工程清单管理、专项施工方案编制及论证、现场安全管理等制度。

2.1.8 建设、勘察、设计、施工、监理等单位法定代表人和项目负责人应当加强工程项目安全生产管理，依法对安全生产事故和隐患承担相应责任。

2.1.9 工程完工后，建设单位应当组织勘察、设计、施工、监理等有关单位进行竣工验收。工程竣工验收合格，方可交付使用。

2.2 质量行为要求

2.2.1 建设单位。

（1）按规定办理工程质量监督手续。

（2）不得肢解发包工程。

（3）不得任意压缩合理工期。

（4）按规定委托具有相应资质的检测单位进行检测工作。

（5）对施工图设计文件报审图机构审查，审查合格方可使用。

（6）对有重大修改、变动的施工图设计文件应当重新进行报审，审查合格方可使用。

(7) 提供给监理单位、施工单位经审查合格的施工图纸。

(8) 组织图纸会审、设计交底工作。

(9) 按合同约定由建设单位采购的建筑材料、建筑构配件和设备的质量应符合要求。

(10) 不得指定应由承包单位采购的建筑材料、建筑构配件和设备，或者指定生产厂、供应商。

(11) 按合同约定及时支付工程款。

2.2.2 勘察、设计单位。

(1) 在工程施工前，就审查合格的施工图设计文件向施工单位和监理单位作出详细说明。

(2) 及时解决施工中发现的勘察、设计问题，参与工程质量事故调查分析，并对因勘察、设计原因造成的质量事故提出相应的技术处理方案。

(3) 按规定参与施工验槽。

2.2.3 施工单位。

(1) 不得违法分包、转包工程。

(2) 项目经理资格符合要求，并到岗履职。

(3) 设置项目质量管理机构，配备质量管理人员。

(4) 编制并实施施工组织设计。

(5) 编制并实施施工方案。

(6) 按规定进行技术交底。

(7) 配备齐全该项目涉及的设计图集、施工规范及相关标准。

(8) 由建设单位委托见证取样检测的建筑材料、建筑构配件和设备等，未经监理单位见证取样并经检验合格的，不得擅自使用。

(9) 按规定由施工单位负责进行进场检验的建筑材料、建筑构配件和设备，应报监理单位审查，未经监理单位审查合格的不得擅自使用。

(10) 严格按审查合格的施工图设计文件进行施工，不得擅自修改设计文件。

(11) 严格按施工技术标准进行施工。

(12) 做好各类施工记录，实时记录施工过程质量管理的内容。

(13) 按规定做好隐蔽工程质量检查和记录。

(14) 按规定做好检验批、分项工程、分部工程的质量报验工作。

(15) 按规定及时处理质量问题和质量事故，做好记录。

(16) 实施样板引路制度，设置实体样板和工序样板。

(17) 按规定处置不合格试验报告。

2.2.4 监理单位。

（1）总监理工程师资格应符合要求，并到岗履职。

（2）配备足够的具备资格的监理人员，并到岗履职。

（3）编制并实施监理规划。

（4）编制并实施监理实施细则。

（5）对施工组织设计、施工方案进行审查。

（6）对建筑材料、建筑构配件和设备投入使用或安装前进行审查。

（7）对分包单位的资质进行审核。

（8）对重点部位、关键工序实施旁站监理，做好旁站记录。

（9）对施工质量进行巡查，做好巡查记录。

（10）对施工质量进行平行检验，做好平行检验记录。

（11）对隐蔽工程进行验收。

（12）对检验批工程进行验收。

（13）对分项、分部（子分部）工程按规定进行质量验收。

（14）签发质量问题通知单，复查质量问题整改结果。

2.2.5 检测单位。

（1）不得转包检测业务。

（2）不得涂改、倒卖、出租、出借或者以其他形式非法转让资质证书。

（3）不得推荐或者监制建筑材料、构配件和设备。

（4）不得与行政机关，法律、法规授权的具有管理公共事务职能的组织以及所检测工程项目相关的设计单位、施工单位、监理单位有隶属关系或者其他利害关系。

（5）应当按照国家有关工程建设强制性标准进行检测。

（6）应当对检测数据和检测报告的真实性和准确性负责。

（7）应当将检测过程中发现的建设单位、监理单位、施工单位违反有关法律、法规和工程建设强制性标准的情况，以及涉及结构安全检测结果的不合格情况，及时报告工程所在地住房城乡建设主管部门。

（8）应当单独建立检测结果不合格项目台账。

（9）应当建立档案管理制度。检测合同、委托单、原始记录、检测报告应当按年度统一编号，编号应当连续，不得随意抽撤、涂改。

2.3 安全行为要求

2.3.1 建设单位。

（1）按规定办理施工安全监督手续。

（2）与参建各方签订的合同中应当明确安全责任，并加强履约管理。

（3）按规定将委托的监理单位、监理的内容及监理权限书面通知被监理的建筑施工企业。

（4）在组织编制工程概算时，按规定单独列支安全生产措施费用，并按规定及时向施工单位支付。

（5）在开工前按规定向施工单位提供施工现场及毗邻区域内相关资料，并保证资料的真实、准确、完整。

2.3.2　勘察、设计单位。

（1）勘察单位按规定进行勘察，提供的勘察文件应当真实、准确。

（2）勘察单位按规定在勘察文件中说明地质条件可能造成的工程风险。

（3）设计单位应当按照法律法规和工程建设强制性标准进行设计，防止因设计不合理导致生产安全事故的发生。

（4）设计单位应当按规定在设计文件中注明施工安全的重点部位和环节，并对防范生产安全事故提出指导意见。

（5）设计单位应当按规定在设计文件中提出特殊情况下保障施工作业人员安全和预防生产安全事故的措施建议。

2.3.3　施工单位。

（1）设立安全生产管理机构，按规定配备专职安全生产管理人员。

（2）项目负责人、专职安全生产管理人员与办理施工安全监督手续资料一致。

（3）建立健全安全生产责任制度，并按要求进行考核。

（4）按规定对从业人员进行安全生产教育和培训。

（5）实施施工总承包的，总承包单位应当与分包单位签订安全生产协议书，明确各自的安全生产职责并加强履约管理。

（6）按规定为作业人员提供劳动防护用品。

（7）在有较大危险因素的场所和有关设施、设备上，设置明显的安全警示标志。

（8）按规定提取和使用安全生产费用。

（9）按规定建立健全生产安全事故隐患排查治理制度。

（10）按规定执行建筑施工企业负责人及项目负责人施工现场带班制度。

（11）按规定制定生产安全事故应急救援预案，并定期组织演练。

（12）按规定及时、如实报告生产安全事故。

2.3.4　监理单位。

（1）按规定编制监理规划和监理实施细则。

（2）按规定审查施工组织设计中的安全技术措施或者专项施工方案。

（3）按规定审核各相关单位资质、安全生产许可证、"安管人员"安全生产考核合格证书和特种作业人员操作资格证书并做好记录。

（4）按规定对现场实施安全监理。发现安全事故隐患严重且施工单位拒不整改或者不停止施工的，应及时向政府主管部门报告。

2.3.5 监测单位。

（1）按规定编制监测方案并进行审核。

（2）按照监测方案开展监测。

3 工程实体质量控制

3.1 地基基础工程

3.1.1 按照设计和规范要求进行基槽验收。

3.1.2 按照设计和规范要求进行轻型动力触探。

3.1.3 地基强度或承载力检验结果符合设计要求。

3.1.4 复合地基的承载力检验结果符合设计要求。

3.1.5 桩基础承载力检验结果符合设计要求。

3.1.6 对于不满足设计要求的地基，应有经设计单位确认的地基处理方案，并有处理记录。

3.1.7 填方工程的施工应满足设计和规范要求。

3.2 钢筋工程

3.2.1 确定细部做法并在技术交底中明确。

3.2.2 清除钢筋上的污染物和施工缝处的浮浆。

3.2.3 对预留钢筋进行纠偏。

3.2.4 钢筋加工符合设计和规范要求。

3.2.5 钢筋的牌号、规格和数量符合设计和规范要求。

3.2.6 钢筋的安装位置符合设计和规范要求。

3.2.7 保证钢筋位置的措施到位。

3.2.8 钢筋连接符合设计和规范要求。

3.2.9 钢筋锚固符合设计和规范要求。

3.2.10 箍筋、拉筋弯钩符合设计和规范要求。

3.2.11 悬挑梁、板的钢筋绑扎符合设计和规范要求。

3.2.12 后浇带预留钢筋的绑扎符合设计和规范要求。

3.2.13 钢筋保护层厚度符合设计和规范要求。

3.3 混凝土工程

3.3.1 模板板面应清理干净并涂刷脱模剂。

3.3.2 模板板面的平整度符合要求。

3.3.3 模板的各连接部位应连接紧密。

3.3.4 竹木模板面不得翘曲、变形、破损。

3.3.5 框架梁的支模顺序不得影响梁筋绑扎。

3.3.6 楼板支撑体系的设计应考虑各种工况的受力情况。

3.3.7 楼板后浇带的模板支撑体系按规定单独设置。

3.3.8 严禁在混凝土中加水。

3.3.9 严禁将洒落的混凝土浇筑到混凝土结构中。

3.3.10 各部位混凝土强度符合设计和规范要求。

3.3.11 墙和板、梁和柱连接部位的混凝土强度符合设计和规范要求。

3.3.12 混凝土构件的外观质量符合设计和规范要求。

3.3.13 混凝土构件的尺寸符合设计和规范要求。

3.3.14 后浇带、施工缝的接茬处应处理到位。

3.3.15 后浇带的混凝土按设计和规范要求的时间进行浇筑。

3.3.16 按规定设置施工现场试验室。

3.3.17 混凝土试块应及时进行标识。

3.3.18 同条件试块应按规定在施工现场养护。

3.3.19 楼板上的堆载不得超过楼板结构设计承载能力。

3.4 钢结构工程

3.4.1 焊工应当持证上岗，在其合格证规定的范围内施焊。

3.4.2 一、二级焊缝应进行焊缝内部缺陷检验。

3.4.3 高强度螺栓连接副的安装符合设计和规范要求。

3.4.4 钢管混凝土柱与钢筋混凝土梁连接节点核心区的构造应符合设计要求。

3.4.5 钢管内混凝土的强度等级应符合设计要求。

3.4.6 钢结构防火涂料的黏结强度、抗压强度应符合设计和规范要求。

3.4.7 薄涂型、厚涂型防火涂料的涂层厚度符合设计要求。

3.4.8 钢结构防腐涂料涂装的涂料、涂装遍数、涂层厚度均符合设计要求。

3.4.9 多层和高层钢结构主体结构整体垂直度和整体平面弯曲偏差符合设计和规范要求。

3.4.10 钢网架结构总拼完成后及屋面工程完成后，所测挠度值符合设计和规范要求。

3.5 装配式混凝土工程

3.5.1 预制构件的质量、标识符合设计和规范要求。

3.5.2 预制构件的外观质量、尺寸偏差和预留孔、预留洞、预埋件、预留插筋、键槽的位置符合设计和规范要求。

3.5.3 夹芯外墙板内外叶墙板之间的拉结件类别、数量、使用位置及性能符合设计要求。

3.5.4 预制构件表面预贴饰面砖、石材等饰面与混凝土的黏结性能符合设计和规范要求。

3.5.5 后浇混凝土中钢筋安装、钢筋连接、预埋件安装符合设计和规范要求。

3.5.6 预制构件的粗糙面或键槽符合设计要求。

3.5.7 预制构件与预制构件、预制构件与主体结构之间的连接符合设计要求。

3.5.8 后浇筑混凝土强度符合设计要求。

3.5.9 钢筋灌浆套筒、灌浆套筒接头符合设计和规范要求。

3.5.10 钢筋连接套筒、浆锚搭接的灌浆应饱满。

3.5.11 预制构件连接接缝处防水做法符合设计要求。

3.5.12 预制构件的安装尺寸偏差符合设计和规范要求。

3.5.13 后浇混凝土的外观质量和尺寸偏差符合设计和规范要求。

3.6 砌体工程

3.6.1 砌块质量符合设计和规范要求。

3.6.2 砌筑砂浆的强度符合设计和规范要求。

3.6.3 严格按规定留置砂浆试块，做好标识。

3.6.4 墙体转角处、交接处必须同时砌筑，临时间断处留槎符合规范要求。

3.6.5 灰缝厚度及砂浆饱满度符合规范要求。

3.6.6 构造柱、圈梁符合设计和规范要求。

3.7 防水工程

3.7.1 严禁在防水混凝土拌合物中加水。

3.7.2 防水混凝土的节点构造符合设计和规范要求。

3.7.3 中埋式止水带埋设位置符合设计和规范要求。

3.7.4 水泥砂浆防水层各层之间应结合牢固。

3.7.5 地下室卷材防水层的细部做法符合设计要求。

3.7.6 地下室涂料防水层的厚度和细部做法符合设计要求。

3.7.7 地面防水隔离层的厚度符合设计要求。

3.7.8 地面防水隔离层的排水坡度、坡向符合设计要求。

3.7.9 地面防水隔离层的细部做法符合设计和规范要求。

3.7.10 有淋浴设施的墙面的防水高度符合设计要求。

3.7.11 屋面防水层的厚度符合设计要求。

3.7.12　屋面防水层的排水坡度、坡向符合设计要求。

3.7.13　屋面细部的防水构造符合设计和规范要求。

3.7.14　外墙节点构造防水符合设计和规范要求。

3.7.15　外窗与外墙的连接处做法符合设计和规范要求。

3.8　装饰装修工程

3.8.1　外墙外保温与墙体基层的黏结强度符合设计和规范要求。

3.8.2　抹灰层与基层之间及各抹灰层之间应黏结牢固。

3.8.3　外门窗安装牢固。

3.8.4　推拉门窗扇安装牢固，并安装防脱落装置。

3.8.5　幕墙的框架与主体结构连接、立柱与横梁的连接符合设计和规范要求。

3.8.6　幕墙所采用的结构黏结材料符合设计和规范要求。

3.8.7　应按设计和规范要求使用安全玻璃。

3.8.8　重型灯具等重型设备严禁安装在吊顶工程的龙骨上。

3.8.9　饰面砖粘贴牢固。

3.8.10　饰面板安装符合设计和规范要求。

3.8.11　护栏安装符合设计和规范要求。

3.9　给排水及采暖工程

3.9.1　管道安装符合设计和规范要求。

3.9.2　地漏水封深度符合设计和规范要求。

3.9.3　PVC管道的阻火圈、伸缩节等附件安装符合设计和规范要求。

3.9.4　管道穿越楼板、墙体时的处理符合设计和规范要求。

3.9.5　室内、外消火栓安装符合设计和规范要求。

3.9.6　水泵安装牢固，平整度、垂直度等符合设计和规范要求。

3.9.7　仪表安装符合设计和规范要求。阀门安装应方便操作。

3.9.8　生活水箱安装符合设计和规范要求。

3.9.9　气压给水或稳压系统应设置安全阀。

3.10　通风与空调工程

3.10.1　风管加工的强度和严密性符合设计和规范要求。

3.10.2　防火风管和排烟风管使用的材料应为不燃材料。

3.10.3　风机盘管和管道的绝热材料进场时，应取样复试合格。

3.10.4　风管系统的支架、吊架、抗震支架的安装符合设计和规范要求。

3.10.5　风管穿过墙体或楼板时，应按要求设置套管并封堵密实。

3.10.6　水泵、冷却塔的技术参数和产品性能符合设计和规范要求。

3.10.7 空调水管道系统应进行强度和严密性试验。

3.10.8 空调制冷系统、空调水系统与空调风系统的联合试运转及调试符合设计和规范要求。

3.10.9 防排烟系统联合试运行与调试后的结果符合设计和规范要求。

3.11 建筑电气工程

3.11.1 除临时接地装置外，接地装置应采用热镀锌钢材。

3.11.2 接地（PE）或接零（PEN）支线应单独与接地（PE）或接零（PEN）干线相连接。

3.11.3 接闪器与防雷引下线、防雷引下线与接地装置应可靠连接。

3.11.4 电动机等外露可导电部分应与保护导体可靠连接。

3.11.5 母线槽与分支母线槽应与保护导体可靠连接。

3.11.6 金属梯架、托盘或槽盒本体之间的连接符合设计要求。

3.11.7 交流单芯电缆或分相后的每相电缆不得单根独穿于钢导管内，固定用的夹具和支架不应形成闭合磁路。

3.11.8 灯具的安装符合设计要求。

3.12 智能建筑工程

3.12.1 紧急广播系统应按规定检查防火保护措施。

3.12.2 火灾自动报警系统的主要设备应是通过国家认证（认可）的产品。

3.12.3 火灾探测器不得被其他物体遮挡或掩盖。

3.12.4 消防系统的线槽、导管的防火涂料应涂刷均匀。

3.12.5 当与电气工程共用线槽时，应与电气工程的导线、电缆有隔离措施。

3.13 市政工程

3.13.1 道路路基填料强度满足规范要求。

3.13.2 道路各结构层压实度满足设计和规范要求。

3.13.3 道路基层结构强度满足设计要求。

3.13.4 道路不同种类面层结构满足设计和规范要求。

3.13.5 预应力钢筋安装时，其品种、规格、级别和数量符合设计要求。

3.13.6 垃圾填埋场站防渗材料类型、厚度、外观、铺设及焊接质量符合设计和规范要求。

3.13.7 垃圾填埋场站导气石笼位置、尺寸符合设计和规范要求。

3.13.8 垃圾填埋场站导排层厚度、导排渠位置、导排管规格符合设计和规范要求。

3.13.9 按规定进行水池满水试验，并形成试验记录。

4 安全生产现场控制

4.1 基坑工程

4.1.1 基坑支护及开挖符合规范、设计及专项施工方案的要求。

4.1.2 基坑施工时对主要影响区范围内的建（构）筑物和地下管线保护措施符合规范及专项施工方案的要求。

4.1.3 基坑周围地面排水措施符合规范及专项施工方案的要求。

4.1.4 基坑地下水控制措施符合规范及专项施工方案的要求。

4.1.5 基坑周边荷载符合规范及专项施工方案的要求。

4.1.6 基坑监测项目、监测方法、测点布置、监测频率、监测报警及日常检查符合规范、设计及专项施工方案的要求。

4.1.7 基坑内作业人员上下专用梯道符合规范及专项施工方案的要求。

4.1.8 基坑坡顶地面无明显裂缝，基坑周边建筑物无明显变形。

4.2 脚手架工程

4.2.1 一般规定。

(1) 作业脚手架底部立杆上设置的纵向、横向扫地杆符合规范及专项施工方案要求。

(2) 连墙件的设置符合规范及专项施工方案要求。

(3) 步距、跨距搭设符合规范及专项施工方案要求。

(4) 剪刀撑的设置符合规范及专项施工方案要求。

(5) 架体基础符合规范及专项施工方案要求。

(6) 架体材料和构配件符合规范及专项施工方案要求，扣件按规定进行抽样复试。

(7) 脚手架上严禁集中荷载。

(8) 架体的封闭符合规范及专项施工方案要求。

(9) 脚手架上脚手板的设置符合规范及专项施工方案要求。

4.2.2 附着式升降脚手架。

(1) 附着支座设置符合规范及专项施工方案要求。

(2) 防坠落、防倾覆安全装置符合规范及专项施工方案要求。

(3) 同步升降控制装置符合规范及专项施工方案要求。

(4) 构造尺寸符合规范及专项施工方案要求。

4.2.3 悬挑式脚手架。

(1) 型钢锚固段长度及锚固型钢的主体结构混凝土强度符合规范及专项施工方案要求。

(2) 悬挑钢梁卸荷钢丝绳设置方式符合规范及专项施工方案要求。

(3) 悬挑钢梁的固定方式符合规范及专项施工方案要求。

（4）底层封闭符合规范及专项施工方案要求。

（5）悬挑钢梁端立杆定位点符合规范及专项施工方案要求。

4.2.4　高处作业吊篮。

（1）各限位装置齐全有效。

（2）安全锁必须在有效的标定期限内。

（3）吊篮内作业人员不应超过2人。

（4）安全绳的设置和使用符合规范及专项施工方案要求。

（5）吊篮悬挂机构前支架设置符合规范及专项施工方案要求。

（6）吊篮配重件重量和数量符合说明书及专项施工方案要求。

4.2.5　操作平台。

（1）移动式操作平台的设置符合规范及专项施工方案要求。

（2）落地式操作平台的设置符合规范及专项施工方案要求。

（3）悬挑式操作平台的设置符合规范及专项施工方案要求。

4.3　起重机械

4.3.1　一般规定。

（1）起重机械的备案、租赁符合要求。

（2）起重机械安装、拆卸符合要求。

（3）起重机械验收符合要求。

（4）按规定办理使用登记。

（5）起重机械的基础、附着符合使用说明书及专项施工方案要求。

（6）起重机械的安全装置灵敏、可靠；主要承载结构件完好；结构件的连接螺栓、销轴有效；机构、零部件、电气设备线路和元件符合相关要求。

（7）起重机械与架空线路安全距离符合规范要求。

（8）按规定在起重机械安装、拆卸、顶升和使用前向相关作业人员进行安全技术交底。

（9）定期检查和维护保养符合相关要求。

4.3.2　塔式起重机。

（1）作业环境符合规范要求。多塔交叉作业防碰撞安全措施符合规范及专项方案要求。

（2）塔式起重机的起重力矩限制器、起重量限制器、行程限位装置等安全装置符合规范要求。

（3）吊索具的使用及吊装方法符合规范要求。

（4）按规定在顶升（降节）作业前对相关机构、结构进行专项安全检查。

4.3.3　施工升降机。

（1）防坠安全装置在标定期限内，安装符合规范要求。

（2）按规定制定各种载荷情况下齿条和驱动齿轮、安全齿轮的正确啮合保证措施。

（3）附墙架的使用和安装符合使用说明书及专项施工方案要求。

（4）层门的设置符合规范要求。

4.3.4　物料提升机。

（1）安全停层装置齐全、有效。

（2）钢丝绳的规格、使用符合规范要求。

（3）附墙符合要求。缆风绳、地锚的设置符合规范及专项施工方案要求。

4.4　模板支撑体系

4.4.1　按规定对搭设模板支撑体系的材料、构配件进行现场检验，扣件抽样复试。

4.4.2　模板支撑体系的搭设和使用符合规范及专项施工方案要求。

4.4.3　混凝土浇筑时，必须按照专项施工方案规定的顺序进行，并指定专人对模板支撑体系进行监测。

4.4.4　模板支撑体系的拆除符合规范及专项施工方案要求。

4.5　临时用电

4.5.1　按规定编制临时用电施工组织设计，并履行审核、验收手续。

4.5.2　施工现场临时用电管理符合相关要求。

4.5.3　施工现场配电系统符合规范要求。

4.5.4　配电设备、线路防护设施设置符合规范要求。

4.5.5　漏电保护器参数符合规范要求。

4.6　安全防护

4.6.1　洞口防护符合规范要求。

4.6.2　临边防护符合规范要求。

4.6.3　有限空间防护符合规范要求。

4.6.4　大模板作业防护符合规范要求。

4.6.5　人工挖孔桩作业防护符合规范要求。

4.7　其他

4.7.1　建筑幕墙安装作业符合规范及专项施工方案的要求。

4.7.2　钢结构、网架和索膜结构安装作业符合规范及专项施工方案的要求。

4.7.3　装配式建筑预制混凝土构件安装作业符合规范及专项施工方案的要求。

5　质量管理资料

5.1　建筑材料进场检验资料

5.1.1　水泥。

5.1.2　钢筋。

5.1.3　钢筋焊接、机械连接材料。

5.1.4　砖、砌块。

5.1.5　预拌混凝土、预拌砂浆。

5.1.6　钢结构用钢材、焊接材料、连接紧固材料。

5.1.7　预制构件、夹芯外墙板。

5.1.8　灌浆套筒、灌浆料、座浆料。

5.1.9　预应力混凝土钢绞线、锚具、夹具。

5.1.10　防水材料。

5.1.11　门窗。

5.1.12　外墙外保温系统的组成材料。

5.1.13　装饰装修工程材料。

5.1.14　幕墙工程的组成材料。

5.1.15　低压配电系统使用的电缆、电线。

5.1.16　空调与采暖系统冷热源及管网节能工程采用的绝热管道、绝热材料。

5.1.17　采暖通风空调系统节能工程采用的散热器、保温材料、风机盘管。

5.1.18　防烟、排烟系统柔性短管。

5.2　施工试验检测资料

5.2.1　复合地基承载力检验报告及桩身完整性检验报告。

5.2.2　工程桩承载力及桩身完整性检验报告。

5.2.3　混凝土、砂浆抗压强度试验报告及统计评定。

5.2.4　钢筋焊接、机械连接工艺试验报告。

5.2.5　钢筋焊接连接、机械连接试验报告。

5.2.6　钢结构焊接工艺评定报告、焊缝内部缺陷检测报告。

5.2.7　高强度螺栓连接摩擦面的抗滑移系数试验报告。

5.2.8　地基、房心或肥槽回填土回填检验报告。

5.2.9　沉降观测报告。

5.2.10　填充墙砌体植筋锚固力检测报告。

5.2.11　结构实体检验报告。

5.2.12　外墙外保温系统形式检验报告。

5.2.13　外墙外保温粘贴强度、锚固力现场拉拔试验报告。

5.2.14　外窗的性能检测报告。

5.2.15 幕墙的性能检测报告。

5.2.16 饰面板后置埋件的现场拉拔试验报告。

5.2.17 室内环境污染物浓度检测报告。

5.2.18 风管强度及严密性检测报告。

5.2.19 管道系统强度及严密性试验报告。

5.2.20 风管系统漏风量、总风量、风口风量测试报告。

5.2.21 空调水流量、水温、室内环境温度、湿度、噪声检测报告。

5.3 施工记录

5.3.1 水泥进场验收记录及见证取样和送检记录。

5.3.2 钢筋进场验收记录及见证取样和送检记录。

5.3.3 混凝土及砂浆进场验收记录及见证取样和送检记录。

5.3.4 砖、砌块进场验收记录及见证取样和送检记录。

5.3.5 钢结构用钢材、焊接材料、紧固件、涂装材料等进场验收记录及见证取样和送检记录。

5.3.6 防水材料进场验收记录及见证取样和送检记录。

5.3.7 桩基试桩、成桩记录。

5.3.8 混凝土施工记录。

5.3.9 冬期混凝土施工测温记录。

5.3.10 大体积混凝土施工测温记录。

5.3.11 预应力钢筋的张拉、安装和灌浆记录。

5.3.12 预制构件吊装施工记录。

5.3.13 钢结构吊装施工记录。

5.3.14 钢结构整体垂直度和整体平面弯曲度、钢网架挠度检验记录。

5.3.15 工程设备、风管系统、管道系统安装及检验记录。

5.3.16 管道系统压力试验记录。

5.3.17 设备单机试运转记录。

5.3.18 系统非设计满负荷联合试运转与调试记录。

5.4 质量验收记录

5.4.1 地基验槽记录。

5.4.2 桩位偏差和桩顶标高验收记录。

5.4.3 隐蔽工程验收记录。

5.4.4 检验批、分项、子分部、分部工程验收记录。

5.4.5 观感质量综合检查记录。

5.4.6 工程竣工验收记录。

6 安全管理资料

6.1 危险性较大的分部分项工程资料

6.1.1 危险性较大的分部分项工程清单及相应的安全管理措施。

6.1.2 危险性较大的分部分项工程专项施工方案及审批手续。

6.1.3 危险性较大的分部分项工程专项施工方案变更手续。

6.1.4 专家论证相关资料。

6.1.5 危险性较大的分部分项工程方案交底及安全技术交底。

6.1.6 危险性较大的分部分项工程施工作业人员登记记录，项目负责人现场履职记录。

6.1.7 危险性较大的分部分项工程现场监督记录。

6.1.8 危险性较大的分部分项工程施工监测和安全巡视记录。

6.1.9 危险性较大的分部分项工程验收记录。

6.2 基坑工程资料

6.2.1 相关的安全保护措施。

6.2.2 监测方案及审核手续。

6.2.3 第三方监测数据及相关的对比分析报告。

6.2.4 日常检查及整改记录。

6.3 脚手架工程资料

6.3.1 架体配件进场验收记录、合格证及扣件抽样复试报告。

6.3.2 日常检查及整改记录。

6.4 起重机械资料

6.4.1 起重机械特种设备制造许可证、产品合格证、备案证明、租赁合同及安装使用说明书。

6.4.2 起重机械安装单位资质及安全生产许可证、安装与拆卸合同及安全管理协议书、生产安全事故应急救援预案、安装告知、安装与拆卸过程作业人员资格证书及安全技术交底。

6.4.3 起重机械基础验收资料。安装（包括附着顶升）后安装单位自检合格证明、检测报告及验收记录。

6.4.4 使用过程作业人员资格证书及安全技术交底、使用登记标志、生产安全事故应急救援预案、多塔作业防碰撞措施、日常检查（包括吊索具）与整改记录、维护和保养记录、交接班记录。

6.5 模板支撑体系资料

6.5.1 架体配件进场验收记录、合格证及扣件抽样复试报告。

6.5.2 拆除申请及批准手续。

6.5.3 日常检查及整改记录。

6.6 临时用电资料

6.6.1 临时用电施工组织设计及审核、验收手续。

6.6.2 电工特种作业操作资格证书。

6.6.3 总包单位与分包单位的临时用电管理协议。

6.6.4 临时用电安全技术交底资料。

6.6.5 配电设备、设施合格证书。

6.6.6 接地电阻、绝缘电阻测试记录。

6.6.7 日常安全检查、整改记录。

6.7 安全防护资料

6.7.1 安全帽、安全带、安全网等安全防护用品的产品质量合格证。

6.7.2 有限空间作业审批手续。

6.7.3 日常安全检查、整改记录。

7 附则

7.1 工程质量安全手册是根据法律法规、国家有关规定和工程建设强制性标准制定,用于规范企业及项目质量安全行为、提升质量安全管理水平,工程建设各方主体必须遵照执行。

7.2 除执行本手册外,工程建设各方主体还应执行工程建设法律法规、国家有关规定和相关标准规范。

7.3 各省级住房城乡建设主管部门可在本手册的基础上,制定简洁明了、要求明确的本地区工程质量安全手册实施细则。

7.4 本手册由住房城乡建设部负责解释。

主要参考文献

[1] 刘杨. 危险性较大分部分项工程安全专项施工方案编制与审核标准 [M]. 北京：中国建筑工业出版社，2017.

[2] 黄锐锋. 图解危险性较大的分部分项工程安全管理规定 [M]. 北京：中国建筑工业出版社，2018.

[3] 钱勇. 危险性较大工程安全监管及安全专项施工方案编制指南 [M]. 北京：中国建筑工业出版社，2012.

[4] 周与诚，刘军. 危险性较大工程安全监管制度与专项方案范例（岩土工程）[M]. 北京：中国建筑工业出版社，2017.

[5] 高乃社，高淑娴，周与诚. 危险性较大工程安全监管制度与专项方案范例（钢结构工程）[M]. 北京：中国建筑工业出版社，2017.

[6] 高淑娴，魏铁山，周与诚. 危险性较大工程安全监管制度与专项方案范例（模架工程）[M]. 北京：中国建筑工业出版社，2017.

[7] 李建设，杨年华，周与诚. 危险性较大工程安全监督制度与专项方案范例（拆除与爆破工程）[M]. 北京：中国建筑工业出版社，2017.

[8] 孙日增，李红宇，王凯晖，董海亮，周与诚. 危险性较大工程安全监管制度与专项方案范例（吊装及拆卸工程）[M]. 北京：中国建筑工业出版社，2017.